砂岩文物保护材料
分子设计与应用

潘爱钊 等 著

科学出版社

北京

内 容 简 介

针对砂岩文物风化病害的具体现状、现有保护材料的缺失、新型保护材料的基本要求，以及为了满足砂岩文物特殊匹配性需求，本书进行了不同系列保护材料的分子设计和制备，并研究了保护材料的化学结构和组成以及溶剂调控保护材料的黏接性能、热稳定性能、吸水性能、涂层透光性能和表面亲疏水性能等，为保护材料的功能实现提供了途径。在此基础上，通过实验室砂岩样品和砂岩粉末的保护材料渗透、扩散固结开展渗透加固保护和黏接加固保护，结合冻融循环、湿热耐盐循环等评估保护效果，揭示保护材料结构、性质、使用方法、在岩石内部渗流迁移行为对岩石保护的宏微观特征及保护效果的影响作用。基于这些研究结果，揭示保护材料保护砂岩的作用机理，获得界面增强技术，为保护材料的适宜范围确定、现场保护提供依据。

本书适合于高校化学及材料相关专业师生和文物保护领域的读者阅读参考。

图书在版编目 (CIP) 数据

砂岩文物保护材料分子设计与应用 / 潘爱钊等著. -- 北京：科学出版社, 2024. 11. -- ISBN 978-7-03-080486-0

Ⅰ. TB324

中国国家版本馆 CIP 数据核字第 20242229VD 号

责任编辑：杨新改 / 责任校对：杜子昂
责任印制：赵 博 / 封面设计：东方人华

科 学 出 版 社 出版
北京东黄城根北街 16 号
邮政编码：100717
http://www.sciencep.com

北京中石油彩色印刷有限责任公司印刷
科学出版社发行 各地新华书店经销
*
2024 年 11 月第 一 版 开本：720 × 1000 1/16
2025 年 1 月第二次印刷 印张：14
字数：282 000
定价：118.00 元
（如有印装质量问题，我社负责调换）

前　言

我国已列入《世界遗产名录》的砂岩文物占全国文物的半数以上，包括石刻、石碑、石雕像、石窟寺等，成为世人瞩目的带有地域特色的人类珍贵文化遗产。然而，具有多孔结构的砂岩暴露在自然环境中极易发生表面粉化、剥蚀脱落、裂纹裂隙、强度衰减等一系列风化病害。随着科学技术的发展，国家越来越重视文化遗产的保护与应用。习近平总书记多次考察重大石窟，并特别指出保护砂岩文物的重要性。用性能匹配的保护材料拯救劣化的珍贵砂岩文物已成为十分迫切的任务。如果将这些劣化的砂岩文物的保护类比为对"患者"的"治疗"，那么，具有针对性的"治疗药物"就成为最关键的环节。因此，针对表面粉化脱落、裂纹裂隙蔓延、强度衰减等风化病害，制备与保护对象性能匹配的保护材料，是有效解决劣化砂岩文物保护的核心。由于文物的不可再生性，保护材料是否能够赋予砂岩文物环境响应特性，是成功治理风化病害的焦点。本书正是为了解决砂岩文物保护迫切需要的关键科学和技术问题，利用现代材料设计与性能优势，开展砂岩文物保护材料的设计与应用，对科学技术、经济发展和社会进步等具有重要作用。

本书针对目前多数保护材料无法从根本上真正实现保护原则中的兼容、高效、耐久等需求，甚至造成"破坏性保护"的问题，同时基于砂岩文物的不同病害的保护需求，利用现代材料的优势，设计性能优异的保护材料，不仅满足新型保护材料性能的基本要求，而且满足砂岩文物特殊匹配性需求。同时，揭示保护材料作用机理以及界面增强技术的关键。本书的每个章节都对每一类材料进行了其分子结构护设计、化学组成和结构的分析，利用溶剂效应等调控保护材料的微纳结构，实现砂岩文物保护的黏接性能、热稳定性能、吸水性能、涂层透光性能和表面亲疏水性能等需求。与目前盲目利用工业材料进行砂岩保护不同，本书揭示了保护材料结构、性质、使用方法、在岩石内部渗流迁移行为对岩石保护的宏微观特征及保护效果的影响作用。为了有效评估不同保护材料的性能，全书以被列入《世界遗产名录》的陕西彬县大佛寺砂岩和四川乐山大佛砂岩为例，不仅开展了实验室模拟保护与模拟老化研究，还进一步展开了现场保护研究。

全书共 5 章。首先以第 1 章 "砂岩文物风化特征及保护材料需求" 开篇，介绍了砂岩文物风化病害特征及病害形成机理、可溶盐对砂岩文物的风化、砂岩文物保护材料需求与研究进展。之后分别开展了第 2 章 "二氧化硅增强柔性硅氧烷保护材料的分子设计与其黏接和加固性能研究"、第 3 章 "水凝胶保护材料的设计与其性能研究"、第 4 章"硅基含氟环氧聚合物的分子设计与其性能研究"。最后,针对砂岩文物的主要病害来自水和可溶盐,开展了第 5 章"硅基杂化材料保护砂岩文物及耐硫酸钠风化的研究",介绍了亲/疏水型加固保护材料、黏接保护砂岩的耐盐风化性能研究,以及分散剂对加固保护砂岩性能的影响。

　　本书的第 1～2 章由和玲撰写、第 2～5 章由潘爱钏撰写。全书由潘爱钏统稿并定稿。本书实验数据来源于博士生贾孟军以及硕士生卢心愿、史承钰、王建丽的研究成果。

　　期望本书对于砂岩文化遗产的保护研究起到积极引导和启发作用。限于作者水平,书中难免会有疏漏或不足之处,敬请专家、学者、读者批评指正。

作　者

2024 年 7 月于西安

目　　录

第1章 砂岩文物风化特征及保护材料需求

1.1 引 言

石质文物是以天然石材为原料加工制作的文物，包括石刻文字、石窟寺、石雕像、摩崖石刻等，是中华民族五千年璀璨文明所遗留下来的宝贵财富，也是不可再生的文化遗产和旅游资源。石质文物由岩石构成。岩石为矿物的集合体，是组成地壳的主要物质。岩石可由一种矿物所组成，如石灰岩仅由方解石一种矿物所组成；也可由多种矿物所组成，如花岗岩则由石英、长石、云母等多种矿物集合而成。组成岩石的物质大部分都是无机物质。

岩石按其成因主要分为火成岩（岩浆岩）、沉积岩和变质岩三大类。整个地壳中，火成岩大约占95%，沉积岩只有不足5%，变质岩最少。不过在不同的圈层，三种岩石的分布比例相差很大。地表的岩石中有75%是沉积岩，火成岩只有25%。常见的沉积岩有砂岩、凝灰质砂岩、砾岩、黏土岩、页岩、石灰岩、白云岩、硅质岩、铁质岩、磷质岩等。沉积岩占地壳体积的7.9%，但在地壳表层分布则甚广，约占陆地面积的75%，而海底几乎全部为沉积物所覆盖。

砂岩是一种沉积岩，为地表的主要岩类。沉积岩有两个突出特征：一是具有层次，称为层理构造。层与层的界面叫层面，通常下面的岩层比上面的岩层年龄古老；二是许多沉积岩中有"石质化"的古代生物的遗体或生存、活动的痕迹——化石，它是判定地质年龄和研究古地理环境的珍贵资料，被称作是记录地球历史的"书页"和"文字"。

砂岩通常由各种砂粒和胶结质组成，砂岩颗粒的直径一般在0.05~2 mm范围内，含量大于50%，绝大部分的砂岩颗粒是由石英、长石、云母、方解石等组成的，而常见的胶结质有硅酸盐质和碳酸盐质。砂岩是一种优质的天然石材，因其具有机械硬度大、易于成形、耐久性强等特点，是建筑石质文物最普遍使用的材料之一。这也是砂岩文物分布很广泛的主要原因。但是由于砂岩的多孔结构，吸水率高，或因为长期暴露在自然环境下，遭受日晒、雨淋、风吹及生物活动侵蚀等各类自然因素和人为因素的破坏，导致砂岩文物的结构、表面及整体受到不同程度的病害破坏。

1.2　砂岩文物风化病害特征及病害形成机理

按照砂岩文物的病害特征，通常可以分为文物表面（层）风化、机械损伤、裂隙与空鼓、表面污染与变色、表面生物病害等。表面风化是指石质文物受到外界自然因素的破坏作用形成的表面病害。常见的砂岩文物表面风化病害包括表面粉化剥落、片状剥落、鳞片状起翘与剥落、表面泛盐、表面溶蚀和孔洞状风化。表 1-1 为不同类型表面风化的原因分析。图 1-1 到图 1-14 为不同区域砂岩文物表面风化病害特征。

表 1-1　砂岩表面（层）风化病害分析

病害类型	形成原因	易发地
表面粉化剥落	温湿度变化、冻融作用、水盐迁移	质地较为疏松的沉积岩文物表面
表面片状剥落	外力干扰、水盐破坏、温湿度变化	纹理较为发达、夹杂较多的沉积岩
鳞片状起翘与剥落	温差变化大、冻融作用、烟火焚烧	砂岩等沉积岩文物表面
表面泛盐	毛细水与可溶盐活动（盐表面富集）	砂岩、泥灰岩与凝灰岩文物表面
表面溶蚀	雨水（尤其是酸雨）	碳酸盐类质地文物表面
孔洞状风化	温湿度变化、水盐破坏	松软夹杂多的砂岩文物

可将砂岩形成风化的主要因素分为内部因素及外部因素。内部因素主要研究砂岩的自身成分和结构，外部因素则主要研究物理风化、化学风化以及生物风化的影响。根本上，大多数的文物病害都是多因素共同作用的结果，很难将其独立地划分为物理、化学或生物原因。

1）内部因素

砂岩结构对其风化的影响很大，因为砂岩具有较大的孔隙，外界的雨水、尘土、可溶盐及有害气体等易被吸附富集于砂岩的孔隙和表面，加快风化的速度，导致砂岩文物的表面粉化和剥落。砂岩的胶结质成分对其风化有着非常明显的影响。由于胶结物含有一定的泥质，一方面这些泥质胶结物会与水发生水化反应，致使胶结物颗粒增大，导致砂岩的膨胀。另一方面，胶结物会随着水流失，加剧砂岩孔隙的增大，致使砂岩蓬松化，对外界的抵抗能力变差，从而加速了砂岩文物的风化。

2）外部因素

除了自身内部因素的影响，外界的水、盐、风、温度、微生物等对砂岩文物的风化起着重要作用。物理风化主要包括水、盐、温度、风等对砂岩的影响。地理位置的差异，水分含量的不同，都影响着砂岩的风化过程。水分充足的物理条件加速了空气中的尘埃、有害气体和微生物等对砂岩文物的侵蚀破坏，同时也会加快砂岩中胶结质的流失，加速风化的产生。对于温差较大的地区，砂岩文物会随着水的冻融循环过程产生反复的应力积聚和释放发生疲劳进而被胀破，尤其是对于孔隙较大的砂岩文物来说，冻融影响更甚。对于有些内部孔隙较小的砂岩，外部水对其的渗透容易形成越往内部越少的渗透梯度，这就造成了砂岩内外强度不均匀的现象，由于砂岩的表面含水量最高，容易造成砂岩表层的破坏，造成空鼓以及片状剥落的风化病害。砂岩的导热性较小，因此温度对砂岩的有效影响范围较小，导致了表面和内部的膨胀性不同。对于一些昼夜或四季温差较大的地区，当气温较高时，砂岩表面经过受热产生一定的膨胀作用，增加了表面砂粒间的压力和砂岩的晶间压力，但内部受到的影响相对较小；当气温降低时，根据热胀冷缩原理，砂岩表面会迅速冷却，产生收缩作用。经过反复润湿干燥循环，砂岩表面容易产生裂隙及片状剥落的风化病害。同时，水分子在砂岩内部多孔网络结构的渗透会引起砂岩膨胀层的层间膨胀，致使周围砂岩颗粒的位移。这种位移一部分能够由砂岩内部的多孔体积容纳，另一部分可以传递到砂岩固体基质并引起水膨胀。经过如此反复循环，砂岩容易因反复膨胀而被破坏。水与盐的相互作用是造成砂岩文物风化最为显著的因素之一，详见 1.3 节叙述。

化学风化主要指空气中的有害气体对砂岩文物的腐蚀破坏作用。随着现代工业的发展以及人类社会活动的日趋密集，二氧化碳、二氧化硫、一氧化氮以及二氧化氮等有害气体的排放加剧了砂岩文物的侵蚀破坏。这些有害腐蚀性气体通过与砂岩中的水分发生氧化、还原、水解、酸化等反应将砂岩本身的矿物成分转变成较为松散的碎屑矿物或胶结物，致使砂岩的比表面积增大，增加其亲水性和孔隙率并降低砂岩整体的机械强度，因此促进水分在砂岩内部反复膨胀和收缩，最终导致砂岩的风化加速。例如，以硅酸盐为主要成分的砂岩，会与空气中的水分子和二氧化碳通过水解反应形成高岭土簇矿物、碳酸盐（可溶盐）和二氧化硅。高岭土与长石相比更加松软，容易随着水分流失，从而致使砂岩文物产生粉化、剥落等风化现象。

生物风化形成的病害主要包括植物病害、动物病害和微生物病害。树木、杂草等在砂岩文物裂缝中的生长，其根茎会加速文物裂缝的胀裂，从而造成严重的破坏；动物在砂岩文物表面及裂隙部位筑巢，且自身的分泌物、排泄物以及遗体等产生的酸性物质可对砂岩文物造成腐蚀破坏。这是由于酸性物质的氢离子会促进砂岩矿物中的金属离子（如钠、镁、钙离子等）的释放，从而与酸性物质中的羧酸等基团通过酸解和络合反应生成难溶性的酸盐络合物，而这种有机络合物可以在砂岩表面通过化学吸附使砂岩中的电子群发生边缘迁移现象，促进水解反应的发生，进而加速了砂岩的风化。微生物病害一般探讨苔藓、地衣和菌群等对砂岩文物的风化影响。细菌和地衣可以产生类似于葡糖酸、草酸等的酸性物质，与砂岩中的无机组分反应生成盐类结晶体，这些结晶体会随着温湿度等外界环境的变化产生膨胀作用进而破坏砂岩文物。硝化和硫氧化细菌因自身生物降解产生的酸会加速砂岩的腐蚀劣化。苔藓可以在砂岩表面形成结皮层，破坏砂岩文物的表面。同时，真菌、地衣等微生物在砂岩缝隙中的穿插生长会胀大砂岩的裂缝，最终可能导致砂岩文物的崩解。

图 1-1　彬县大佛寺大佛及大势至菩萨与观世音菩萨，可以看到砂岩层理剥落与坍塌

图 1-2　彬县大佛寺主佛窟右侧众多龛窟的砂岩剥落现象

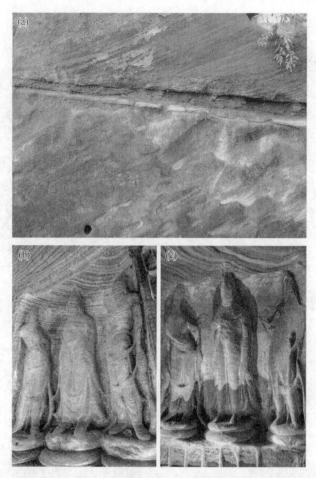

图 1-3　彬县大佛寺千佛洞窟外蜂窝状风化表面（a）与窟内砂岩雕像风蚀表面［（b）和（c）］

图 1-4　彬县大佛寺千佛洞窟内砂岩雕像层理剥落表面

图 1-5　麦积山砂岩石窟风化剥落外观

图 1-6　麦积山石窟雕像原貌（a）与砂砾脱落（b）及蜂窝状风化外观（c）和局部细节（d）

图 1-7   乐山大佛砂岩风化表面

图 1-8   乐山大佛小佛窟砂岩粉状化脱落

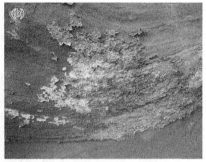

图 1-9　乐山大佛窟外红色砂岩表面层理剥落（a）与表面泛盐风化特征（b）

图 1-10　云冈石窟砂岩表面层理剥落风化特征

图 1-11　云冈石窟砂岩表面泛盐（a）层理剥落风化特征局部细节（b）

图 1-12　钟山石窟灰色砂岩表面层状剥落风化前（a）和风化后（b）细节对比

图 1-13　钟山石窟灰色砂岩表面脱落

图 1-14　延安清凉山砂岩风化特征

（a）蜂窝状，（b）片状剥落，（c）和（d）风蚀

1.3　可溶盐对砂岩文物的风化

可溶盐以水为载体，随水的运动进入多孔砂岩基体内部。在砂岩的多孔结构中，水以液态和气态两种形态运动。液态水主要通过毛细作用和浸润作用两种方式作用在砂岩孔内：毛细作用依靠水和多孔基体之间的吸引力和液体的表面张力实现，而浸润作用是在静水压力作用下实现，与材料的渗透性有关。气态水通过凝结和吸湿两种方式在多孔材料中迁移，凝结表现为砂岩表面凝结和孔内毛细管凝结；吸湿是从空气中吸收水蒸气。由于砂岩的亲水性和多孔性，其自身可以吸收水蒸气；其次，盐具有吸湿性，在相对湿度高于平衡湿度的条件下，可溶盐会发生潮解；另外，浓盐溶液饱和蒸气压低于纯水溶液，因此更易从环境中吸收水蒸气。可溶盐随着砂岩孔内水活动迁移至基体内部，在不同温湿度作用下反复溶解/重结晶，从而在孔内沉积。由于砂岩孔体积有限，当盐晶体积累到一定量后，孔结构便无法提供足够的空间供其生长。此时，若晶体与超饱和溶液接触继续生长便会对砂岩孔壁产生结晶压力，当结晶压力超过孔壁机械强度时便会对砂岩基体造成破坏。

水分在岩体内的不断循环进出会引起盐类反复地溶解和结晶，这一过程所产生的压力足以使砂岩内部的微孔结构胀破，从而形成表面裂纹和产生剥落。盐的影响一般都是伴随着水在砂岩内外的流动而产生，其大部分以可溶盐的形式通过雨水浸润或地下水的毛细作用而进入砂岩。空气中的污染物、降雨和砂岩中的渗水均可以促进可溶盐的形成和溶解。当温度较低、降雨量较大时，盐分会溶解于水中形成盐溶液，渗入到砂岩内部。随着温度的升高和水分的减少，盐溶液的浓度逐渐增加，当达到饱和状态后，形成的盐结晶物体积增大。当砂岩内部空间不能满足盐结晶的生长时，就会对砂岩的孔壁产生结晶压力。地下水一般会通过毛细作用迁移到砂岩表面，随着表面水分的蒸发，盐分会析出并富集于砂岩的表面。

1.3.1　盐的来源和风化现象

在自然环境中，大部分可溶盐是通过地下水毛细上升作用和雨水的浸润两种方式进入多孔砂岩基体的。大气污染物、地下水和海洋环境等是石质文物基体中盐溶液的主要来源。人类活动排放到大气中的二氧化硫、二氧化氮等酸性气体，在环境作用下，与砂岩基体中的阳离子（包括钾离子、钙离子、钠离子、镁离子等）发生化学反应形成硫酸盐和硝酸盐。而地下水和海洋环境中含有的氯离子、硫酸根离子、碳酸氢根离子的钾钙钠镁盐通过毛细吸收作用成为石质文物中盐溶液的直接来源。这些溶解在砂岩孔结构中的盐在自然环境的干湿和冻融循环作用下，或在砂岩表面结晶形成表面风化（efflorescences），或在孔内直接结晶生长形成内部风化（subflorescences）。生长在砂岩表面的晶体盐通常不会产生破坏行为，但是在孔内结晶生长的晶体，随着晶体的生长，孔内空间不断减少，无法为晶体提供足够的生长空间以至于产生对砂岩孔壁的潜在压力，从而产生破坏行为。在砂岩孔隙中，可能有很多种相态的变化，包括从饱和溶液中直接结晶、水合状态的改变以及与原有沉积矿物质发生化学反应生成新的矿物质，这些过程的产生是由孔结构中的盐及其所处的微环境条件决定的。在某些条件下，盐晶体在孔结构中不断溶解—结晶或者水合—脱水，体积不断产生变化，产生动态的线性压力，当某一时刻的压力超过砂岩的机械强度时，砂岩基体便会迅速崩解。

　　由于盐的存在，砂岩建筑物如教堂、石柱、雕塑、石窟等表面和内部出现起皮、粉化脱落、分层、基体崩解等风化现象（图 1-15），不仅影响砂岩文物的外表美观，而且极大降低了文物的稳定性。盐在砂岩表面形成的白色粉末状风化虽然对砂岩造成的破坏较小，但当多孔砂岩基体出现表面风化时，常同时伴随着内部风化作用，会对砂岩基体产生严重破坏。目前，全世界成千上万的石质文物都遭受着盐风化的破坏。

图 1-15　可溶盐对石质建筑物的风化现象

（a）瑞士某教堂窗框彩绘层起皮分离剥落；（b）古巴哈瓦那某建筑物支撑柱海绵状风化；（c）西班牙北部古城堡石墙蜂窝状或肺泡状风化；（d）炳灵寺石窟盐结晶造成的表面缺失；（e）底部洞穴的表面风化现象

1.3.2 砂岩多孔结构内盐结晶过程及其影响因素

溶液中盐结晶始于成核阶段——分散在溶剂中的溶质分子开始聚集形成纳米簇。结晶的驱动力是溶液和晶核中离子化学势的差别，该值与溶液中过饱和度直接相关。过饱和度是溶液中离子活度与溶解度常数的比值。如果过饱和度大于阈值，则被称为超溶解，成核立即开始。过饱和度的阈值可以通过核磁共振和差示扫描量热法进行冷却结晶获得。具有较大晶液界面能和摩尔体积的盐需要更高的过饱和度才能开始成核，并且更容易造成破坏。

如图 1-16 所示，溶液中异相成核速率（每单位物体面积每单位时间）随着溶液黏度的增长而降低，与均相成核相比，固相基体的原子构型与晶体相似，因此异相成核降低了能量势垒。降低的能量与接触角呈正相关的关系，形成基体、溶液和晶体界面之间的机械平衡。对于盐溶液来说，较高的过饱和度起初可以增大成核速率，但随着过饱和度的不断增大，高黏度的溶液会阻碍成核过程从而明显降低成核速率。

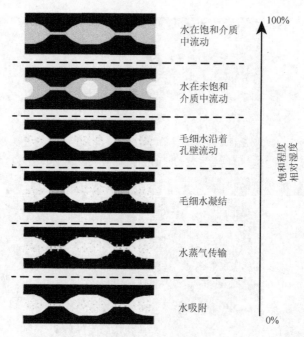

图 1-16　多孔结构体系的湿润阶段

在负载盐溶液的砂岩或石质建筑体内，随着水的挥发，孔隙内溶液过饱和度不断增长直至盐晶体沉积。温度的变化（降低）也可以诱发溶液形成过饱和状态，析出盐晶体。一旦岩石孔内的过饱和溶液和盐结晶，如果挥发过程发生在岩石表面，盐晶体会形成破坏性较小的表面风化；而当晶体沉积在基体内部形成内部风化时，会造成严重的破坏现象。表面风化或内部风化对岩石孔壁造成的压力取决于干燥速率、基体孔尺寸、孔壁与晶体之间的界面能、盐溶液的表面张力和黏度以及不同形状晶体的屈服应力和屈曲强度等。晶体与孔壁间的界面能对于解释结晶压力、晶体生长会推动岩石颗粒和异相成核等现象非常重要；但结晶压力的上限是由过饱和度决定的，而下限则与界面能和孔径尺寸相关；单一孔内结晶压力不会引发孔壁的宏观断裂现象，只有当体积足够大的孔结构都遭受结晶压力时才会使孔壁缺陷不断发展延伸产生明显破坏现象。另外，岩石的孔结构对于盐结晶破坏行为也具有较大的影响，其机械强度决定了岩石的耐盐结晶压力程度，其物质组成决定了水和水蒸气在岩石孔内的迁移速率。盐对岩石的腐蚀性与岩石的微观结构和机械性能直接相关，高孔隙率和渗透性强的多孔材料，孔结构相互贯通，会增加盐溶液吸收量，同时机械性能较低，因此会遭受更严重的结晶压力破坏。

1.3.3　硫酸钠对砂岩的风化机理

硫酸钠（Na_2SO_4）作为自然环境中最常见的可溶盐之一，被认为是破坏性最强的盐。由于其存在许多不同相态的晶体结构，包括五种无水相态（Na_2SO_4，Ⅰ～Ⅴ相）和两种含水相态（$Na_2SO_4 \cdot 7H_2O$ 和 $Na_2SO_4 \cdot 10H_2O$），成为广泛应用于实验室可溶盐风化老化实验的试剂。相态Ⅰ（>270℃）、Ⅱ（>225℃）和Ⅳ是常温下亚稳态（Metastable）而高温下稳定晶体形式，尚未在常温环境下发现。在自然温度和湿度环境条件中，硫酸钠-水体系溶解度曲线及相态分布如图 1-17 和图 1-18 所示。

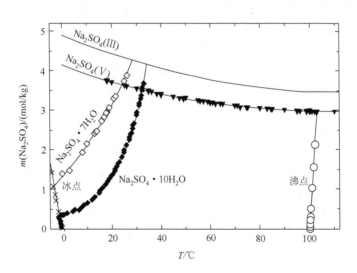

图 1-17　Na_2SO_4-H_2O 体系中硫酸钠相态的溶解度曲线

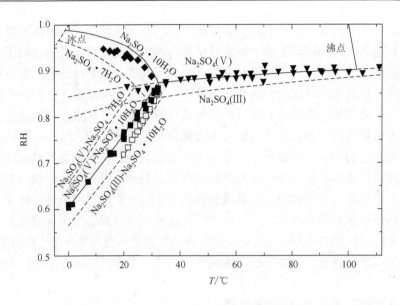

图 1-18　Na₂SO₄-H₂O 体系的硫酸钠温湿度相图

实线为稳定相平衡态, 虚线为不稳定相平衡态。不同形状标志所代表的意义: (◆) Na₂SO₄·10H₂O 饱和溶液;
(▼) Na₂SO₄(Ⅴ)饱和溶液; (■) Na₂SO₄(Ⅴ)-Na₂SO₄·10H₂O 相转变平衡湿度; (□) Na₂SO₄(Ⅲ)-Na₂SO₄·10H₂O
相转变平衡湿度; (△) Na₂SO₄(Ⅴ)-Na₂SO₄·7H₂O 相转变平衡湿度

相态Ⅲ是树枝簇状晶体 [图 1-19 (a)], 常温下不稳定, 在绝对干燥的常温环境下可以保留超过一年时间。但只要有少量水分存在时, 其极易转变为相态Ⅴ。但在盐溶液的挥发过程中, 它常常与相态Ⅴ相伴出现。呈相态Ⅴ时, 俗称无水芒硝 [thenardite, 图 1-19 (b)], 单斜晶系, 晶体短柱状, 集合体呈致密块状或皮壳状等, 无色透明, 是常温下的稳定相态。相态Ⅲ和Ⅴ在高于 32.4℃也会出现, 且随着温度的升高, 相态Ⅲ的结晶数量也随之增加。

而在低于 32.4℃的环境中, 芒硝 [Mirabilite, Na₂SO₄·10H₂O, 图 1-19 (c)] 呈稳定相。由于硫酸钠对湿度很敏感, 在非常低的湿度条件 (<15%) 下, 仅有无水芒硝析出; 湿度 (15%~40%) 稍微升高时, 无水芒硝和芒硝均有生长; 但当湿度大于 40%时, 先形成芒硝而后失水形成无水芒硝。虽然在相对湿度 (RH) >50%条件下, 芒硝很容易结晶; 但其失水过程很快, 在相对湿度低于 71% (20℃) 时, 便会快速失水形成无水芒硝 Na₂SO₄ (Ⅴ), 但当相对湿度高于 71%时, 无水芒硝也会重新水化生成芒硝。除此以外, 无水芒硝在水化过程中会在气液界面处形成一层芒硝晶体, 这层晶体会阻止晶体的进一步水化过程, 其反应速率由水蒸气通过这层晶体膜的速率决定。当有液体存在时, 快速的水化过程为两步反应——溶解后重新结晶。常温下, 芒硝失水后也会呈现出相态Ⅲ。

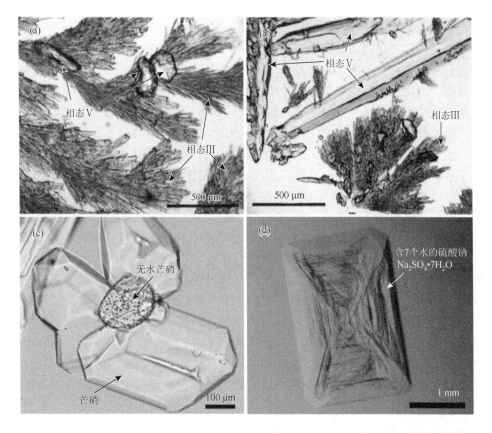

图 1-19　无水芒硝 Na_2SO_4 微观形貌

（a）20℃，低湿度（＞40%）条件下结晶：树枝状晶体为不稳定相态 Na_2SO_4（Ⅲ），棱柱块状晶体为稳定晶相 Na_2SO_4（Ⅴ）；（b）20℃，低湿度（13%）条件下结晶：大尺寸双锥棱柱状晶相Ⅴ；（c）十水合硫酸钠（芒硝，$Na_2SO_4 \cdot 10H_2O$）；（d）七水合硫酸钠（$Na_2SO_4 \cdot 7H_2O$），由在冰浴中冷却 3.4 mol/L 硫酸钠溶液所得

　　虽然硫酸钠对岩石的破坏机理经过几十年的不断推理验证，主要归结为结晶压力的作用，但是在低于 32.4℃的环境中，何种相态生长产生的结晶压力起主要作用，目前尚没有统一定论。有研究者认为在低于 32.4℃环境中，芒硝晶体是造成岩石破坏的主要因素，因为硫酸钠对岩石的严重破坏行为是由于孔内无水芒硝的溶解形成具有过饱和的溶液，在这个浓度下，芒硝会快速析出产生高于岩石孔壁机械强度的结晶压力，从而形成破坏。实际上，过饱和被消耗或芒硝晶体失水时，无水芒硝溶解产生的过饱和与压力并不能维持很长时间，因此结晶破坏是一种动态现象——高结晶压力仅在过饱和出现的瞬间产生，最大压力的强度和出现时长由控制过饱和的因素决定。有计算指出，球形孔内无水芒硝溶解后析出的芒硝可产生的最大结晶压力为 20 MPa，而在圆柱形孔内，最大结晶压力为 10 MPa。这些结晶压力超过所有岩石的机械强度，也验证了所有的老化实验破坏现象都出

现在浸泡阶段而非干燥阶段。尽管在一些条件下，无水芒硝可以产生比芒硝更高的结晶压力，芒硝仍旧表现出更高的破坏性，这是因为芒硝具有更大的摩尔体积导致岩石更多孔空间的填充或晶体与孔壁之间更大的接触面积使结晶压力更有效地增长。而无水芒硝的摩尔体积较小，使其需要在岩石孔结构中富集量更大才能开始产生压力。已经发现，芒硝在接近或低于 0℃时才会结晶，一旦过饱和度达到 7 会立即结晶，对孔壁产生巨大结晶压力而造成破坏，由于松弛过程很缓慢，这一压力可以保持较长时间。因此，含水和无水硫酸钠晶体的溶解和结晶速率决定了其对于岩石的破坏行为。岩石孔内无水芒硝微晶体溶解速率很快且仅部分溶解就可以形成高浓度盐溶液，未溶解的部分可以作为晶种形成大量的含水晶体聚集为葡萄状结构并迅速延展。

因此，通过在对 Na_2SO_4 盐结晶湿热循环中老化的岩石进行表观及质量损失变化的研究，普遍认为盐结晶老化具有三个阶段：积累阶段、扩散阶段和破坏阶段。在岩石孔内，水一旦开始挥发，盐就开始在孔中结晶。最初，盐溶液依靠毛细作用迁移到孔结构中不断积累；水蒸气挥发时，盐溶液及其离子被排出孔结构，形成表面风化盐；当没有水吸收时，盐离子就进入扩散阶段，以水蒸气的形式在孔结构中循环流动，使盐在孔内结晶。第一阶段结束时，有较多盐已在孔内结晶，可以进一步达到过饱和状态，产生破坏。第二阶段有两种可能：第一种是在质量损失前出现表观破坏，第二种是在质量损失后出现表观破坏现象。当第一种情况出现时，说明岩石尚有空隙未被盐结晶填满，此时，吸盐速率高于岩石质量损失速率，整体的质量变化是两者竞争的结果，这就是所谓的第二阶段。但是当破坏出现在质量损失之后，说明岩石孔隙已被盐结晶完全填满，岩石的破坏是由于结晶压力已远远大于岩石自身的机械强度，这种情况下就不出现第二阶段，而直接进入破坏阶段。实验已证明，归一化的损失质量与循环次数呈线性关系，即当破坏行为以质量损失为主，吸盐量可以忽略不计时，就开始进入老化破坏的第三个阶段。

1.4　砂岩文物保护材料需求与研究进展

1.4.1　砂岩文物保护材料功能需求

基于目前砂岩文物的风化现状以及对盐结晶破坏机理的了解，以下几类功能材料常被用于砂岩的保护或修复处理，以预防或降低水和盐在砂岩内部形成的盐风化破坏。

1）砂岩表面防水材料

由于水是砂岩内部污染物的主要载体，因此在砂岩表面使用防水材料可有效阻止来源于基体外部的风化因素，如酸雨、可溶盐等。通过防水处理可以将砂岩表面的水接触角提高至 90°以上，疏水界面使水的渗透性大幅度降低，从而有效阻止可溶性污染物进入砂岩孔结构。但是如果水从其他方向进入砂岩结构，那么盐溶液可能会在疏水层内部形成结晶；低温环境下，水也可能会在疏水层冻结，最终可能造成保护层的脱落，因此保证保护处理的砂岩基体仍具有良好的水蒸气透过性。

2）砂岩加固材料

当盐晶体破坏砂岩基体出现颗粒松散或基体断裂，最重要的损失在于机械强度降低，因此使用加固材料修复老化砂岩的强度很有必要。对于加固材料来说，首要的性能是良好的渗透性，因此要求材料具有低黏度和低接触角。其次，加固材料需要能够在需要保护的位置固化从而提升砂岩的强度。可以用两种方式来实现这两个要求：第一种方式是将加固材料溶解在溶剂中，由于不确定加固材料是否能随溶剂一起在砂岩孔结构中迁移，且当溶剂挥发时，加固材料也可能会随之迁移到砂岩表面，造成岩石表面强度过大或应力不均的现象；第二种方式是使用低黏度的材料在砂岩孔内进行原位反应形成固体产物。除此以外，为了避免保护和未保护界面处的湿气和可溶盐积累，很多研究者认为砂岩需要"呼吸"，也就是说砂岩需要保持水蒸气可透过。理想的加固材料应该能够渗透进砂岩孔内几厘米深度；与孔壁以化学键稳定结合；干燥过程中不会断裂；与砂岩的物理性能（如热膨胀系数、弹性模量等）相符合；不改变砂岩的表观形貌；增强机械强度；控制水气迁移；可移除再处理。但目前没有哪种材料能够完全达到以上要求，实际应用中应该根据主要解决哪些问题来选择保护材料。

3）砂岩黏接修复材料

砂岩在环境中老化破坏后出现表皮翘起、基体断裂或某些部分缺失等破坏现象时，需要使用黏接材料进行回贴、黏接等处理，使砂岩基体恢复原貌和完整性。对砂岩进行黏接处理一般要求黏接材料应黏接强度适当、黏度低、耐水、与砂岩基体的相容性好，并具有相似的热膨胀系数且抗拉强度测试中，断裂面应在黏合剂或与砂岩的接触面。根据黏接对象不同可以选择具有不同强度的黏接材料。

1.4.2　常见石质文物保护材料及其保护性能

用于石质文物保护的化学材料可大致分为无机材料、有机材料和杂化材料等三大类。其中无机材料除了传统的生石灰、碳酸钙、二氧化硅和硅酸盐等材料以外，近十年来，新型仿生无机材料如草酸钙、磷灰石等，凭借其特有的优势已成为石质文物保护材料的"新宠"；而有机材料的种类繁多，包括有机硅、丙烯酸树脂和环氧树脂三大类材料及其改性后的复合材料或有机/无机杂化材料

（organic/inorganic hybrid materials）。由于保护材料通常依靠刷涂、喷涂、输液或浸泡等方式使保护溶液吸收进入岩石孔内进行保护处理，而无机材料的流动性差，在岩石基体内的渗透深度有限，因此常常无法有效发挥保护作用。而有机保护材料更易渗透进入岩石基体内，但其耐老化性、耐候性较差，在长时间的环境老化作用下易发生降解从而失去保护作用。鉴于此，将无机和有机材料杂化得到纳米或分子尺度分散的有机/无机杂化材料在过去的几十年里受到了广泛关注。与传统的复合材料（composite materials）不同，杂化材料（hybrid materials）不是简单宏观尺度的物理混合，而是各相间通过化学作用（共价键、离子键、配位键等）与物理作用（氢键等）在纳米或分子水平上复合的均匀多相材料。该类材料既具有有机高分子材料的成膜、透明、柔韧、易加工等优良特性，又具有无机材料的耐擦伤、耐溶剂、高硬度、高模量等机械性能和优良的耐热、耐阻隔等热稳定性能等多重功能，尤其是材料性能可设计性的特点，因而受到文物保护领域的广泛关注。

1. 传统无机保护材料和仿生无机保护材料

传统的无机保护材料如石灰水、$Ca(OH)_2$、$Ba(OH)_2$ 等，与碳酸钙质岩石的物理化学相容性好，可通过与空气中的二氧化碳反应形成碳酸钙或碳酸钡沉积在钙质岩石基体裂隙或孔隙中，多用于风化碳酸钙质岩石或黏合性差的石质文物表面修复或加固保护。或者直接使用碳酸钙分散液渗入白色大理石等钙质岩石表面，进行加固处理。但是由于无机保护材料在水中溶解度较低，通常形成沉淀，不能随水的流动而有效迁移到岩石孔内，无机分散溶液的稳定性对其保护效果至关重要。通过模仿生物矿化过程，制备不影响岩石自身性质的仿生无机保护材料受到文物保护研究者的广泛关注。如使用海贝壳母体的有机大分子和钙质沉着细菌诱导碳酸钙在岩石孔隙中原位生长，制备出具有较高兼容性和结合力的仿生材料修复岩石表面裂纹。或者使用胶原蛋白作为生物模板，使用氟化铵、磷酸铵与大理石表面碳酸钙反应制备氟磷灰石保护膜。该保护膜与大理石兼容性良好且不会改变岩石本身的颜色和毛细吸水性，同时具有耐酸腐蚀性，适用于户外石质材料的保护。同样，采用喷涂法分别将分散在丙醇中的氢氧化钙溶液和磷酸铵$(NH_4)_3PO_4$溶液喷涂在老化的岩石样品表面，在室温下矿化形成的羟基磷灰石将老化后的岩石颗粒重新黏合起来，提高了岩石的抗压强度、耐老化性能，并且由于其多孔性能使得保护后岩石具有良好的水蒸气透过性。碳酸钙保护涂层主要用于灰岩的修复保护，与砂岩相容性差，因而受到限制。

2. 有机硅及其杂化保护材料

有机硅类保护材料是最广泛使用的砂岩保护材料。与有机树脂的 C—C 和 C—O 键相比，有机硅材料的 Si—O—Si 聚合物网络更为稳定，因此可大幅提高石质基体的耐候性能，起到有效的加固作用。如微球形有机硅树脂材料在水汽作用下与岩石毛细孔壁表面硅羟基发生缩合反应，形成球形小分子树脂憎水表面（图 1-20），对岩石多孔结构和透气性均无影响，具有优异的防水、防污和耐久性能。也可使用酸-碱两步催化甲基三甲氧基硅烷（methyltrimethoxysilane，MTMOS）制备有机改性二氧化硅凝胶（PRMOSIL）应用在砂岩表面，该类气凝胶对水蒸气透过性和表面色差影响较小，但对砂岩吸水量的降低程度较大，且该材料具有较好的耐酸性。因此，有机硅树脂材料凭借其良好的基体黏附性、化学稳定性、防水透气性、耐候性，广受文物保护研究者的青睐。其中，正硅酸乙酯（tetraethoxysilane，TEOS）和 MTMOS 是最常使用的硅氧烷单体材料，其黏度低、表面张力低且可以快速渗入多孔材料孔隙，但这两种单体催化聚合的凝胶在基体内部干燥收缩时常常发生开裂，机械性能很低，这可能会加速岩石基体受到水盐破坏，严重时甚至造成基体崩解。

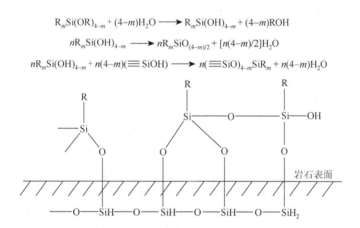

$$R_mSi(OR)_{4-m} + (4-m)H_2O \longrightarrow R_mSi(OH)_{4-m} + (4-m)ROH$$

$$nR_mSi(OH)_{4-m} \longrightarrow nR_mSiO_{(4-m)/2} + [n(4-m)/2]H_2O$$

$$nR_mSi(OH)_{4-m} + n(4-m)(\equiv SiOH) \longrightarrow n(\equiv SiO)_{4-m}SiR_m + n(4-m)H_2O$$

图 1-20　微球形有机硅树脂与岩石孔壁作用反应方程式及结构示意图

近年来，大量研究工作聚焦在如何提升 TEOS 凝胶体系的机械性能。其中，添加无机纳米粒子 SiO_2 提升材料的机械性能是最广泛使用的改性方法之一。如使用商用改性的无定形 SiO_2 纳米颗粒通过凝胶-溶胶法与 TEOS 反应可以制备出高疏水、无裂纹的保护涂层。将 SiO_2 纳米离子引入 TEOS 体系，能够增大凝胶的孔体积和孔半径，从而有效降低凝胶干燥过程中产生的毛细作用力，使硅凝胶体系更加稳定。也有将纳米尺寸的(3-环氧丙氧基丙基)三甲氧基硅烷（GPTMS）和多面体低聚倍半硅氧烷（POSS）引入 TEOS 凝胶体系中，通过形成灵活链段降低凝胶多孔结构中的毛细作用力，减少干燥过程中凝胶的碎裂现象。TEOS/GPTMS/POSS 的溶液状态很稳定，可以保持 6 个月，并能够在岩石表面形成稳定的疏水膜层，起到加固保护岩石的作用。

　　柔韧链段和表面活性剂共同作用也可以有效提高 TEOS 的凝胶性能。将质量分数为 5% 的羟基聚二甲基硅氧烷（PDMS-OH）加入 TEOS 缩聚物中，依靠 PDMS-OH 链段提供必要的柔韧性，降低凝胶体系中产生的压力，并且与 TEOS 通过 Si—O—Si 键结合，有效减少了凝胶裂纹的出现。或者向水解后的正硅酸乙酯硅溶胶中加入正辛胺（n-octylamine）和 PDMS，与商用预聚合的 TEOS 固化剂 TV100 进行对比发现，仅加入 PDMS 时，TEOS/PDMS 形成明显的两相，且 PDMS 相仅能以溶液状态存在；但加入表面活性剂正辛胺后，可形成均匀且无裂缝的凝胶产物，而商用加固材料 TV100 形成碎裂凝胶。两种凝胶在岩石表面形成的多孔疏水界面可以提升岩石的机械强度和耐污性能。将 PDMS-OH、胶体二氧化硅纳米颗粒、正辛胺共同引入 TEOS 凝胶体系中，可同时改善凝胶体系的柔韧性和孔径结构，从而制备出强疏水、耐酸的加固保护材料。除此以外，也有研究者通过调节正硅酸乙酯的水解环境来改善凝胶的 Si—O—Si 网络结构，从而达到稳定凝胶体系的效果。

　　3. 丙烯酸树脂及其改性杂化保护材料

　　丙烯酸树脂在石质文物保护中具有非常重要的作用，它们可以溶解在有机溶剂中作为石质文物的保护材料或者作为砂浆、混凝土等的分散溶液发挥黏接或修复作用。丙烯酸酯和甲基丙烯酸树脂是最常用的丙烯酸类保护材料，具有优良的溶解性、黏接性、内聚力、成膜性和易于合成等特性。由于甲基丙烯酸甲酯（MMA）和甲基丙烯酸乙酯（EMA）具有较高的玻璃化转变温度，能够在常温下以较硬的膜层存在，因此适用于作为岩石保护材料。聚甲基丙烯酸甲酯（PMMA，图 1-21）和甲基丙烯酸乙酯与甲基丙烯酸的共聚物（Paraloid B72，图 1-22）是最广为人知的两种岩石保护材料。Paraloid B72 常被溶解于丙酮、乙酸丁酯和甲苯等有机溶剂中配制质量分数为 2%～10% 的溶液，用于老化岩石表面的加固保护。其保护作用基于形成聚合物膜层覆盖在被保护岩石表面，增强岩石颗粒之间的黏合作用，利用不同溶剂的挥发性，进行不同深度的保护处理。但是丙烯酸树脂在多孔材料内部的渗透性不佳，因此对于老化区域较深的岩石材料，不仅无法提供有效保护，更可能形成表面壳层与岩石基体分离，对老化岩石造成严重破坏。

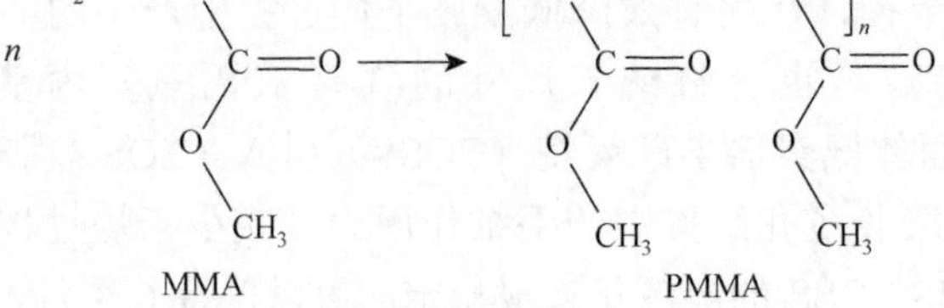

图 1-21　甲基丙烯酸甲酯单体聚合形成 PMMA

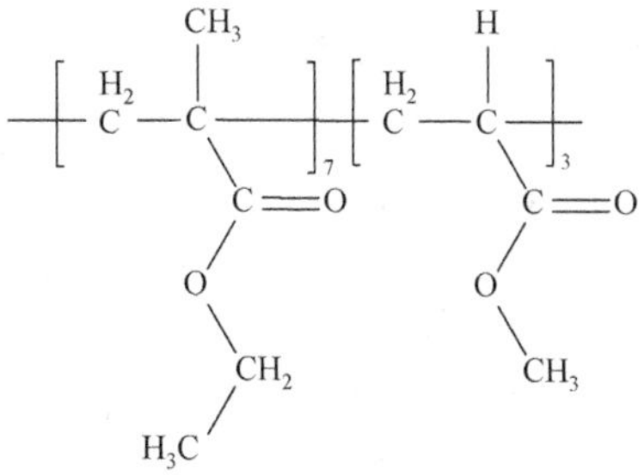

图 1-22　Paraloid B72 化学结构示意图（7 份甲基丙烯酸甲酯和 3 份甲基丙烯酸随机排布）

因此，常利用丙烯酸树脂作为主体材料，引入其他组分对其进行改性或直接与其他组分混合，以获得更适合岩石保护的多功能材料。引入纳米粒子对丙烯酸树脂进行改性也是常用的方法。如通过溶胶-凝胶法将正硅酸乙酯、氯化氧锆（$ZrOCl_2 \cdot 8H_2O$）引入 PMMA 溶液中制备 $PMMA/SiO_2/ZrO_2$ 杂化保护材料。结果证明 SiO_2/ZrO_2 纳米粒子能够有效降低 PMMA 在光老化作用下的化学降解速率和颜色变化，使得保护后的岩石具有良好的防水性、化学稳定性、耐光照老化性，且不影响岩石表面形貌。有机硅 Dri Film 104（简称 DF104）与 Paraloid B72（PEMA-PMA）的混合物（Bologna cocktail）被广泛用于意大利以及欧洲许多其他城市户外石质文物的保护，具有适宜的渗透深度、光照稳定性、耐酸性和耐久性。选择三甲基丙烯酸三羟甲基丙烷（TMPTMA）作为光固化膜层主体材料，甲基丙烯酸三甲氧基丙基硅烷单体（MEMO）作为偶联试剂可增强膜层与岩石基体的附着力；乙烯基封端的聚二甲基硅氧烷（VT-PDMS）可增强膜层疏水性能；3-巯基丙基三乙氧基硅烷（MPTS）可降低氧气对自由基光聚合的抑制作用，从而制备出紫外光催化的丙烯酸材料等，赋予岩石基体高疏水性、透气性和耐久性能。通过凝胶-溶胶法和自由基聚合反应在伯胺表面活性剂条件下，将烷氧基硅烷与甲基丙烯酸 3-(三甲氧基甲硅烷基)丙酯聚合反应制备硅基杂化有机纳米复合物 TMSPMA（图 1-23），用于岩石保护。该材料与岩石孔壁通过溶胶-凝胶过程相互作用，从而增强岩石基体。结果表明，TMSPMA 材料在紫外老化过程中，耐水性增强，能够有效改性碳酸钙岩石界面，因此对石灰石的保护效果更佳。

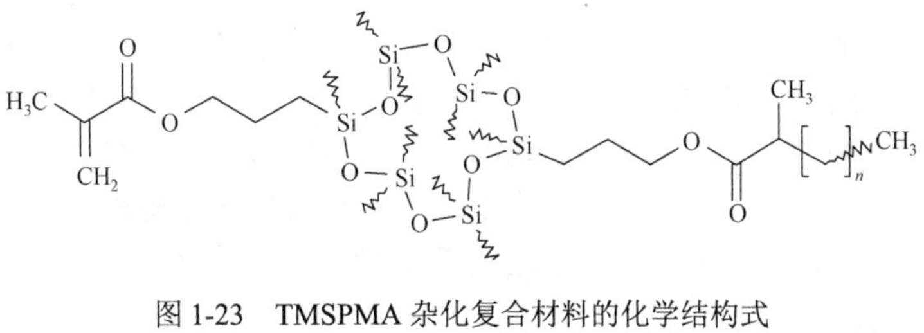

图 1-23　TMSPMA 杂化复合材料的化学结构式

由于含氟组分能够提升涂层的耐老化和疏水性能，常被用来改性丙烯酸酯材料。如使用聚全氟乙丙烯（DS-603）改善 Paraloid B72 性能，使用喷涂法在涂覆B72 的岩石外再覆盖一层 DS-603，使得保护后岩石样品的疏水和耐水性能均明显提高，但透气性下降，却并不能改善岩石内部水对 B72 的影响。很多时候通过合成含氟丙烯酸聚合物来获得光化学稳定、易成膜、透气性好的膜材料。前者以甲基丙烯酸甲酯（MMA）、丙烯酸丁酯（BA）制备甲基丙烯酸 2-羟基乙酯（HEMA）共聚物，使用四氟丙酸将 HEMA 的羟基部分酯化制备氟化丙烯酸共聚物（图 1-24），大幅提高了丙烯酸涂层耐腐蚀保护性能。后者使用 1, 1, 2, 2-全氟癸基丙烯酸酯（XFDM）分别与甲基丙烯酸（MA）、MMA、EHM、BM、甲基丙烯酸辛酯（OM）、甲基丙烯酸月桂酯（LM）和聚甲基丙烯酸月桂酯（PLM）、PMMA 通过自由基聚合反应制备了含氟丙烯酸树脂材料，结果发现含氟共聚物的光稳定性与丙烯酸树脂的烷基链长有关，表现为短链烷基＞长链烷基＞支链烷基的趋势，且所有含氟共聚物在岩石表面均具有良好的疏水性，对岩石表观形貌影响很小。

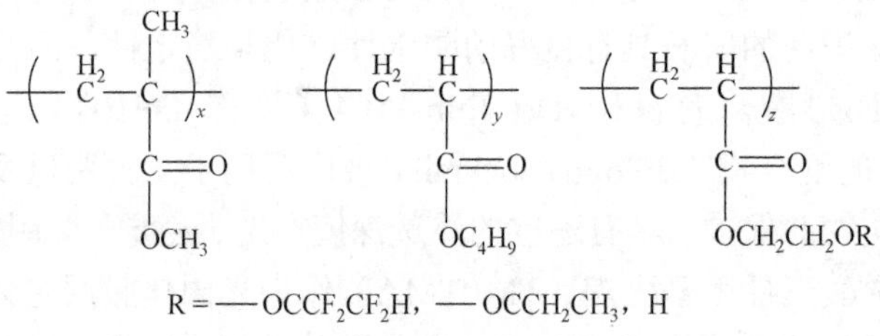

$$R = -OCCF_2CF_2H, \quad -OCCH_2CH_3, \quad H$$

图 1-24　氟化丙烯酸共聚物化学结构

4. 环氧树脂及其改性杂化保护材料

环氧树脂于 1946 年商业化后，被广泛应用于自动化、工业和航空航天等各领域。基于环氧基团的开环反应（图 1-25），环氧树脂对很多基体都具有超强的黏附力、高机械强度、耐水/油、耐溶剂、耐热、耐机械冲击、收缩率低等优势。环氧树脂体系包括树脂和固化剂两种组分。环氧树脂常为带环氧基团的短链聚合物，固化剂包括胺类（伯胺、仲胺、叔胺）、路易斯酸碱、苯酚、酸酐和无机氢氧化物等。环氧树脂与固化剂以适当的比例混合可调控树脂的物理性能和化学结构。一般情况下，环氧树脂黏度都偏大，需要溶解在有机溶剂中以增大环氧树脂在岩石结构中的渗透深度。不同的溶剂对环氧树脂交联反应速率影响也较大，有羟基的溶剂可促进环氧交联过程，但有羰基基团的溶剂会降低固化反应的速率。但环氧树脂存在一些致命的缺陷，如膜层脆、耐冲击性、耐疲劳性差、在长时间环境和光照的影响下会变黄变脆，因此需要被改性以满足石质文物的保护的需求。

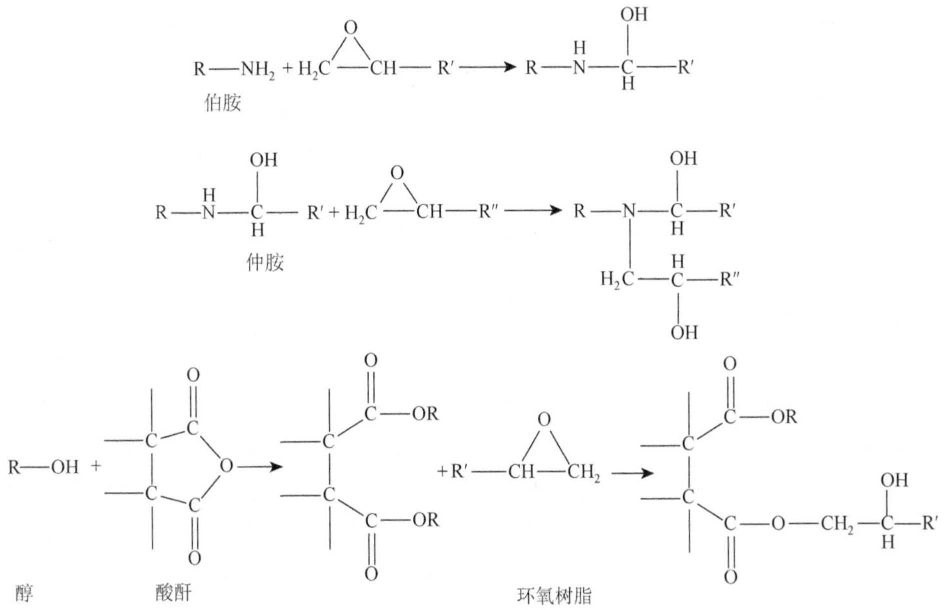

图 1-25　环氧树脂与胺类和酸酐的固化开环反应过程

　　改性后的环氧树脂常被作为黏接剂修复破坏断裂的岩石基体，或者作为砂浆分散剂，与砂子或岩石粉末共混后，填充岩石基体裂缝。如分别使用两种环氧衍生物 2-(3, 4-环氧环己基)乙基-三甲氧基硅烷（ECET）和(3-环氧丙氧基丙基)甲基二乙氧基硅烷（GLYMS）与(3-氨基丙基)三乙氧基硅烷（ATS）固化剂（图 1-26）进行反应形成兼具环氧聚合物和硅氧烷性能的杂化材料。由于 ECET 和 GLYMS 具有两个反应活性基团，因此可能发生两种反应过程：可以与伯胺 ATS 发生环氧开环反应；或者在 ATS 提供的条件下，与 Si(OR)$_3$ 链段水解生成的硅烷发生缩合交联反应。改性后的二氧化硅/环氧杂化材料具有良好的耐热性和疏水性能，对多孔岩石的保护效果优于低孔隙率的岩石基体。

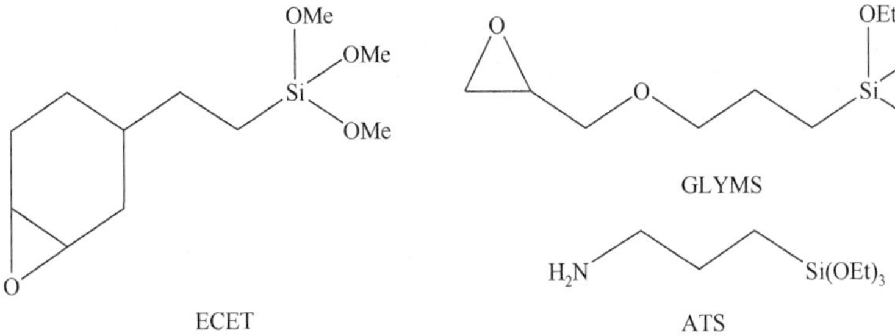

图 1-26　两种环氧衍生物和伯胺固化剂化学结构式

　　例如，使用羟基聚二甲基硅氧烷（PDMS-OH）引发 3,4-环氧环己基甲基-3,4-环氧环己基羧酸盐（CE）进行室温下阳离子光聚合反应对环氧树脂进行改性。常温下可见光聚合反应使该保护涂层很容易在岩石表面制备，从而赋予岩石表面疏水性能，提升环氧涂层的耐紫外光老化性，无毒性、无溶剂、环境友好且克服了环氧树脂在光照下膜层变黄的缺陷。或者使用 PDMS-OH 改性(3-环氧丙氧基丙基)-甲基二乙氧基硅烷（GPTMS）和 ATS 反应生成环氧-SiO_2 树脂。PDMS-OH 的加入促进了 GPTMS 与 ATS 的固化过程，以 Si—O—Si 化学键与环氧-SiO_2 树脂相互作用（图 1-27），提升环氧-SiO_2 体系的黏度，降低凝胶体系的微裂隙。由于制备过程不需要溶剂，该保护涂层可以在石灰石表面原位制备生成疏水无孔涂层，有效提升岩石表面疏水性和机械强度。也有使用 GPTMS、ATS 和 PDMS-OH 聚合产物对老化岩石进行原位加固。其反应过程为氨基基团通过亲核反应进攻环氧基团开环，脱水聚合形成环氧网络结构；然后硅烷水解缩合形成 Si—O—Si 的无机网状结构。通过加入 PDMS-OH 可以提升材料的柔韧性和疏水性。当 GPTMS：ATS：PDMS-OH 比例为 14：7：9 时，能够表现出最佳的加固、耐酸腐蚀、耐盐、耐冻融及机械性能。

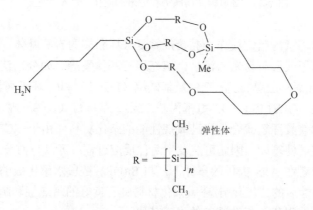

图 1-27　环氧/SiO_2/PDMS-OH 杂化聚合物材料的理想结构

第2章 二氧化硅增强柔性硅氧烷保护材料的分子设计与其黏接和加固性能研究

2.1 引 言

多面体低聚倍半硅氧烷（polyhedral oligomeric silsesquioxane，POSS）是一种笼型结构的有机-无机纳米材料，其结构简式为$[RSiO_{1.5}]_n$，分子尺寸通常在 1～3 nm，被认为是最小尺度的二氧化硅（SiO_2）颗粒。其分子内核为 Si—O—Si 笼型结构单元，笼型外侧以共价键与顶角处 Si 相连的 R 基团决定了 POSS 有机基团的种类和数量，也决定 POSS 引入聚合物的方式和改善聚合物的性能。当 R 为活性基团（如烯基、炔基、氨基、苯胺基、环氧基等）时，可以通过交联、共聚、接枝等方法与其他有机单体发生聚合反应，通过共价键作用在分子水平上实现无机硅氧烷与有机化合物的结合，提高有机相与无机相的相容性，增加分子结构的设计性和可控性，为纳米尺度下聚合物的不同性能合成需求提供了广阔的合成思路。POSS 的笼型结构类似于多孔沸石，侧链端基 R 具有多反应活性位点，因此可以制备多种 POSS 基多孔杂化材料，有利于离子的传导、物质的分离和吸附、催化金属的负载等；另外，POSS 笼型结构可以赋予其庞大的分子空间，当接枝一些疏水性的官能团后，可以增加 POSS 基杂化材料与基体的接触表面积，减少水与基体的接触面，产生类似于"伞效应"的作用致使 POSS 基杂化材料具有一定的疏水效果；由于 POSS 具有较低的极性、极化率和密度，并且其笼型结构带来较大的孔隙度和空间位阻，因此 POSS 基杂化材料具有良好的低介电性；POSS 因具有较小的分子尺寸常被用于聚合物体系中的纳米填料，也可以在聚合物中控制微裂纹的进一步扩大，减少聚合物基体的应力聚集，并且其活性位点可以和有机官能团结合从而增加杂化材料的兼容性和交联度，提高杂化材料的机械强度；由于分子结构中 Si—O 键的键能（452 kJ/mol）远高于 C—C 键（346 kJ/mol）和 C—O 键（326 kJ/mol）的键能，加之 POSS 笼型结构可以阻碍与之相结合的聚合物分子链段的运动，使合成的杂化材料整体结构不易变形和分解，因此 POSS 的引入可以显著地提高杂化材料的耐热性。这些特点都为合成新型有机无机杂化材料提供了不可替代的优势。

环氧基 POSS（EP-POSS）同时具备 POSS 和环氧树脂的特点。环氧树脂由于具有良好的热稳定性、高强度、高模量、耐化学性、耐候性等性能，是一种多功能和多用途的现代工业高分子材料，因此广泛应用于各种领域，尤其是在涂层涂料和黏合剂领域。环氧基团具有反应性强、反应条件温和、增加化合物的分子链长度的特点。EP-POSS 是一种可以通过物理共混或化学共聚法使用 POSS 改性的环氧树脂，其顶角各个 Si 原子连接了具有高反应活性的环氧基团，可以参与酸性或碱性催化下的开环反应，并且通过反应提高化合物的交联密度，增加化合物整体的韧性、附着力、热稳定性和防腐性能。EP-POSS 中环氧基团的开环反应温和，开环和交联过程赋予其良好的黏接性能，而无机刚性骨架提供较大的键能和空间结构，因此 EP-POSS 赋予杂化材料较强的机械强度、耐热、耐化学、耐腐蚀和耐环境老化等优异性能，逐渐被用于金属部件、聚合物杂化材料、混凝土材料等不同类型基材的黏合剂。但是，EP-POSS 同样具有环氧树脂固有的耐疲劳性差、韧性差、透明性差等缺陷。因此，需要对 EP-POSS 改性使其适用于更多领域的应用。

聚二甲基硅氧烷（PDMS）是一种广泛使用的有机硅材料，其有机基团全部为甲基，一般呈无色（或淡黄色）无味透明状。PDMS 的硅氧烷主链和柔韧链段结构赋予其高灵活性、高疏水性、低表面能和表面张力、低玻璃化转变温度、良好的热稳定性和耐化学性等理想性能，经常应用于涂层的制备和改性。由于 PDMS 具有优异的疏水性、防污性、低表面能和高弹性模量，常被用于防冰涂层、防污涂层、防腐涂层、疏水涂层等具有特定应用领域的涂层材料的构筑。PDMS 在室温下为液态的线型聚硅氧烷，由于聚硅氧烷具有柔韧主链结构，硅氧键旋转所消耗的能量几乎为零，因此聚硅氧烷可以 360° 旋转。此外，PDMS 主链硅氧烷基体中的每个硅原子上所连的两个甲基基团所在平面几乎垂直于主链的硅氧硅结构平面，每个甲基基团围绕硅原子的旋转会占据较大的空间，因此这种较大空间体积的形成会进一步增加 PDMS 分子间的距离并降低分子间的引力。同时，每个硅原子因多个甲基覆盖所产生的对 PDMS 中硅氧烷链段的屏蔽作用进一步降低了链段分子间的引力。PDMS 作为一种代表性的有机硅材料，其柔性硅烷主链结构和低表面张力、表面能等特点可赋予材料柔韧性、低黏度、疏水性、高渗透性、热稳定性、耐化学性等优异性能，逐渐受到石质文物保护研究者的关注。PDMS 中与硅相连的甲基基团和弹性主链可以为交联网络提供较好的柔韧性和灵活性，因此经常引入 PDMS 为砂岩等石材构筑疏水性表面。已经研究证明，PDMS 的引入可以减少硅基杂化材料在石质材料中所形成的凝胶网络的开裂，在不产生明显颜色变化的同时也能提高石材的疏水性。

硅烷偶联剂的分子结构式为 R—$(CH_2)_n$—Si—X_3，其中 R 基团代表不可水解的有机游离基团，X 代表可水解的基团，如烷氧基、酰氧基、卤素或胺基等。水解后的 X 基团可以形成活性硅烷醇基团，一些如硅质填料表面的基质可以与其缩合形成硅氧硅键。硅烷偶联剂中的有机官能团和硅烷氧基基团分别对有机物和无机物具有反应性和相容性，具有在有机和无机材料之间建立化学键合的能力，因此硅烷偶联剂可处于有机和无机界面，形成有机基体-硅烷偶联剂-无机基体形式的结合层。基于这一特性，硅烷偶联剂主要应用于表面处理、塑料填充、密封剂、增稠剂、黏接剂等众多领域。此外，增加硅烷偶联剂的链长可以提高杂化材料的水解稳定性。硅烷偶联剂可以解决一般黏接剂无法黏接等问题，同时也可以提高材料的强度、耐腐蚀性、耐候性、疏水性等性能。关于硅烷偶联剂在不同材料间的界面作用机理已有较多的研究，目前的解释有化学键理论、物理吸附理论、变形层理论、约束层理论和可逆平衡理论等。但是由于界面现象较为复杂，单一的理论通常难以充分解释，往往需要联合多种理论来说明硅烷偶联剂在两种材料界面间的作用。目前较多学者认可的化学键理论更能合理解释大多数情况下的硅烷偶联剂与无机材料界面间的作用。化学键理论最早由 B. Arkles 提出，这一理论认为硅烷偶联剂在两种不同材料界面的结合过程是一个复杂的固液界面物理化学过程。界面作用过程分为四步：水解、缩合、形成氢键和形成共价键。首先，由于硅烷偶联剂具有低表面张力、低黏度以及较高的润湿性，在陶瓷、玻璃和金属等基材表面铺展性能较好并可以形成较小的接触角。其次，被硅烷偶联剂润湿后的基材的极性表面会吸引硅烷偶联剂分子中的极性基团。由于空气的润湿作用，材料表面都会浸润一层较薄的水汽层，硅烷偶联剂一侧的硅氧烷基团与水发生水解反应形成硅羟基基团，该基团遵循极性相吸的原则会靠近无机材料表面。而有机基团则向有机材料表面靠近，通过共价反应或物理吸附作用相结合。接着水解形成的硅羟基相互间发生缩合反应形成低聚硅氧烷。低聚物会与基材表面的羟基基团进行氢键键合。最后，经过交联固化过程，硅烷偶联剂会与基材表面形成共价连接并伴随水的损失。一般情况下，硅烷偶联剂在界面处仅有一个硅烷氧基基团会共价键合到基材表面，其余两个硅烷氧基基团通常会以游离或缩合的形式存在。

　　硅烷偶联剂具有较好的渗透性以及较低的黏度，可以很容易地渗入多孔石质材料中，并且其渗透性和干燥性能对石材的影响较小，是目前石材固结使用最广泛的一种材料。在具体的石质文物保护过程中，它们通常以低聚物的形式存在，如经常使用的有甲基三甲氧基硅烷（methyltrimethoxysilane，MTMOS）和正四乙氧基硅烷（tetraethoxysilane，TEOS）两种硅烷偶联剂。有研究表明，使用硅烷偶联剂处理的砂岩样品的抗压强度范围增加了 10% 甚至超过 100%，这证实了硅烷偶联剂具有增强砂岩等石材的抗压强度的能力。但是硅烷偶联剂在使用过程中也存在一些问题和缺陷，如在砂岩内部形成的水解硅凝胶容易因毛细管压力的影响而发生胀裂；形成的网状硅凝胶的孔隙致密且大小不一，可能会阻碍砂岩内部水蒸气的运输和扩散；水解产物具有亲水性，可能会增加砂岩对水的吸收最终导致砂岩的开裂并形成裂缝。这些问题的共性是硅凝胶的脆性及在砂岩内部干燥过程中开裂导致了砂岩裂缝的形成。为了防止硅烷偶联剂在砂岩内部形成的硅凝胶的开裂问题，目前采取最多的解决方法有：①通过添加化学干燥剂来降低毛细管压力梯度，从而降低砂岩内部水蒸气蒸发的速率并提高砂岩的塑化效果。②通过添加表面活性剂来降低毛细管压力，最终防止凝胶开裂。③通过引入纳米颗粒来增加凝胶孔径以减少整体质量损失和体积收缩，进而防止凝胶开裂。如通过在硅烷偶联剂中添加 SiO_2 纳米颗粒来增加凝胶的孔径，改善硅凝胶的弹性模量，降低热膨胀，进而阻碍凝胶的开裂。④在硅凝胶中引入弹性链段聚合物来增加凝胶的柔韧性并增加硅凝胶孔径，从而有效抵消毛细管压力引起的凝胶开裂。

基于以上分析，针对干旱和半干旱地区的砂岩文物因风化引起的表面开裂、剥落、粉化等病害，需要具有刚性与柔韧链段相互结合的保护材料对其进行黏接和加固保护。因此，设计具有无机刚性内核和八个环氧基侧链的 EP-POSS 与三种具有不同氨基基团、不同硅氧烷基团且具备柔性链段的硅氧烷为原料，制备了三种二氧化硅增强柔性硅氧烷杂化材料，通过研究不同材料的不同配方比例选出最优材料制备方案；在此基础上，通过研究不同材料对砂岩的组成、表面形貌、黏接效果、砂岩内部水循环、耐老化等的影响，对比三种材料对砂岩的保护效果。本章主要研究内容包括：①选择八个环氧基侧链的 EP-POSS 与线型 PDMS 交联制备杂化材料 POSS-PDMS，研究最优配方条件、组成、结构、黏接性、成膜性（包括透光率、表面润湿性能）、表面形貌、热稳定性等性能。②将 EP-POSS 与一端含氨基另一端含有硅烷基团的 3-氨基丙基三乙氧基硅烷（APTS）和[3-(6-氨基己基氨基)丙基]三甲氧基硅烷（AHAPTMS）发生开环及水解缩合反应制备 POSS-APTS 和 POSS-AHAPTMS 杂化材料，研究材料的组成、结构、黏接性、透光率、表面润湿性能、表面形貌、热稳定性等性能。③对比研究 3 种二氧化硅增强柔性硅氧烷杂化材料保护砂岩的作用效果，包括保护材料对砂岩的组成、表面形貌、热稳定性、表面润湿性能、黏接效果、孔隙率、保护材料吸收量、砂岩内部水循环（包括吸水率、水蒸气透过率）、耐冻融循环老化、耐盐结晶湿热老化循环等的影响。

2.2 SiO_2 增强聚二甲基硅氧烷保护材料的设计与性能研究

2.2.1 POSS-PDMS 的设计思路与合成

针对干旱半干旱地区砂岩文物表层风化的加固与黏接保护需求，使用环氧基 POSS（EP-POSS）和聚(二甲基硅氧烷)双(3-氨丙基)封端（简称 PDMS，分子量分别为 1000、3000、5000），在碱性氨基催化开环剂 N, N, N', N', N''-五甲基二亚乙基三胺（PMDETA）、四甲基乙二胺（TMEDA）的作用下通过开环反应制备 SiO_2 增强柔性硅氧烷杂化材料 POSS-PDMS。通过调控 POSS 和 PDMS 的摩尔比、PDMS 的分子量以及选择不同的催化开环剂、反应溶剂等条件进行配方的优化，得到最优反应条件的 POSS-PDMS。

POSS-PDMS 的制备：将 EP-POSS 溶解到丙酮和无水乙醇的混合溶剂中，搅拌至无色透明均匀的状态，得到笼型环氧基 POSS 溶液。接着加入 PDMS 和 PMDETA（表 2-1 样品 S1～S3），或加入 PDMS 和 TMEDA（表 2-1 样品 S4～S6，S10～S12），或加入（PMDETA + TMEDA）混合液（表 2-1 样品 S7～S9），47℃下搅拌加热 12 h，得到 POSS-PDMS 杂化材料。合成反应的反应过程见图 2-1，具体配方见表 2-1。

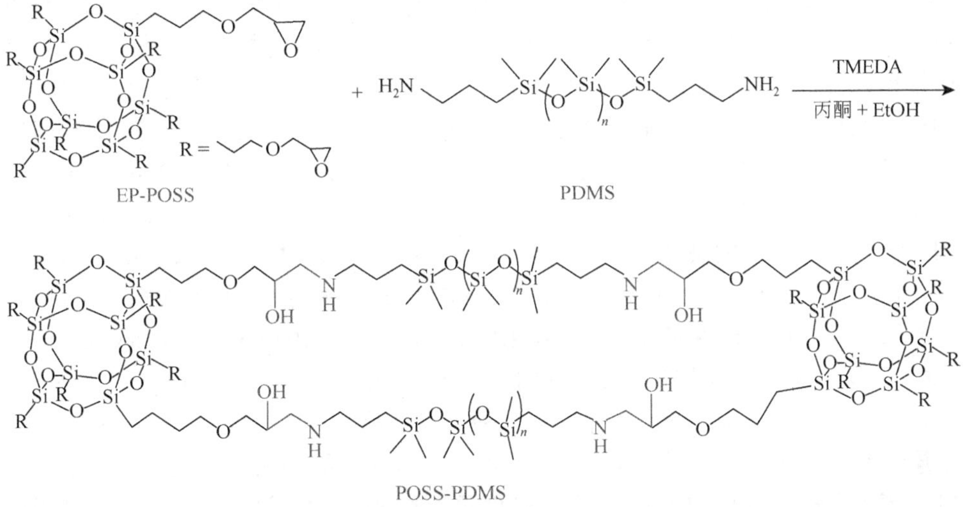

图 2-1 POSS-PDMS 的制备步骤

表 2-1 POSS-PDMS 的制备原料配比

样品	EP-POSS /mmol	PDMS /mmol	PMDETA /mmol	TMEDA /mmol	THF/g	CHCl₃/g	丙酮/g	EtOH/g
S1	0.5	0.025	0.175	—	3.0	—	—	—
S2	0.5	0.025	0.175	—	—	4.0	—	—
S3	0.5	0.025	0.175	—	—	—	3.0	—
S4	0.5	0.025	—	0.175	3.1	—	—	—
S5	0.5	0.025	—	0.175	—	4.4	—	—
S6	0.5	0.025	—	0.175	—	—	5.0	—
S7	0.5	0.025	0.175	0.175	3.5	—	—	—
S8	0.5	0.025	0.175	0.175	—	5.0	—	—
S9	0.5	0.025	0.175	0.175	—	—	4.0	—
S10	0.5	0.025	—	0.175	—	—	6.0	6.0
S11	0.5	0.025	—	0.175	—	—	4.0	8.0
S12	0.5	0.025	—	0.175	—	—	3.0	9.0

2.2.2　POSS-PDMS 的化学结构表征

POSS-PDMS 与纯 EP-POSS 相比 [图 2-2（a）]，3450 cm^{-1} 处的特征峰归属于 EP-POSS 有机支链的环氧基团开环形成的—OH 基团的伸缩振动吸收峰。图 2-2（b）的 FTIR 局部放大图中显示 1201 cm^{-1} 处的吸收峰归属于 C—O 或 C—N 的伸缩振动峰；1000～1100 cm^{-1} 处的强吸收峰归属于 Si—O—Si 或 C—O—C 基团的伸缩振动峰；而 907 cm^{-1} 以及 851 cm^{-1} 处的弱吸收峰则分别是由环氧基团和 Si—C 基团的伸缩振动引起的。环氧吸收峰的出现说明开环反应不彻底，这是由于 EP-POSS 较大的体积结构具有一定的空间位阻，阻碍了部分环氧基团与氨基基团的开环反应。所以，进一步调整反应配比以促使环氧开环。为了进一步研究 POSS-PDMS 的化学结构，对其所含的硅元素进行了结构分析。图 2-2（c）所示的 ^{29}Si-NMR 谱图显示在 $\delta = -22$ ppm 处的特征峰归属于 D 光谱区域，这表明 POSS-PDMS 的柔性长链中已经链接了(—O)$_2$Si(CH$_3$)$_2$ 结构。此外，在 $\delta = -65 \sim -70$ ppm 处出现多重强烈的特征峰，说明 POSS-PDMS 具有 T^3[(—O)$_3$Si—]结构。通过计算 POSS-PDMS 的缩合程度（DOC）为 99.8%，这说明 POSS-PDMS 整体的缩合程度较高。如图 2-2（d）所示，与 EP-POSS 相比，POSS-PDMS 在 400 eV 处出现 N 1s 的吸收峰，而其他的 O 1s、C 1s、Si 2s、Si 2p 吸收峰的位置基本一致，分别出现在 528 eV、286 eV、151 eV 和 103 eV，说明 PDMS 的引入致使 N 吸收峰的出现。结合表 2-2，EP-POSS 涂层的 Si、O 和 C 元素的含量分别为 8.44%、28.54%和 59.53%，加入 PDMS 后，Si 元素的含量增加了 5.52%、O 元素和 C 元素的含量基本不变，N 元素的含量增加了 1.97%，说明 PDMS 成功引入并开环聚合。因此，由以上 FTIR 谱图中各官能团的特征峰、^{29}Si-NMR 谱图中 Si 元素的特征峰和硅氧烷缩合度以及 XPS 谱图中各元素的含量及分布均充分证明通过开环反应成功地制备了 POSS-PDMS。

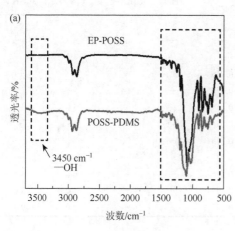
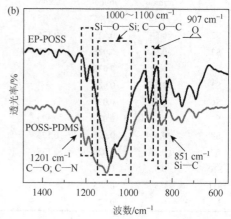

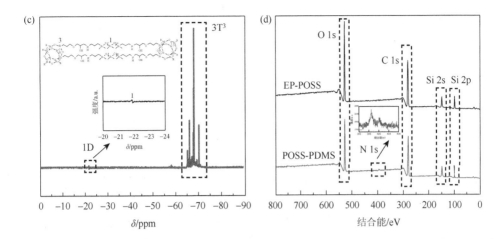

图 2-2　（a）EP-POSS 和 POSS-PDMS 的 FTIR 谱图，（b）EP-POSS 和 POSS-PDMS 的 FTIR 局部放大谱图，（c）POSS-PDMS 的 ^{29}Si-NMR 谱图，（d）EP-POSS 和 POSS-PDMS 的 XPS 谱图

表 2-2　纯 EP-POSS 和 POSS-PDMS 的主要元素含量

元素	EP-POSS		POSS-PDMS	
	理论值/%	测试值/%	理论值/%	测试值/%
Si	8.20	8.44(+0.24)	11.07	13.96(+2.89)
O	26.74	28.54(+1.8)	28.65	28.49(−0.16)
C	61.10	59.53(−1.57)	60.28	59.1(−1.18)
N	—	—	3.48	1.97(−1.51)

2.2.3　POSS-PDMS 的热稳定性分析

POSS-PDMS 涂层的热稳定性采用热重分析（TGA）表征。图 2-3 所示的 TGA 及一阶导数（DTG）曲线研究了在不同溶剂环境中的热稳定性差异。结果表明，当丙酮与无水乙醇的质量比分别为 1∶0、1∶1 和 1∶2 时，POSS-PDMS 的分解温度范围分别为 337～548℃、363～560℃和 360～517℃，最高分解温度分别在 387℃、411℃和 418℃。同时，POSS-PDMS 的最终剩余无机组分的含量分别为 40%、41%及 37%。表明随着无水乙醇的比例增加，POSS-PDMS 的分解温度逐渐增高，热稳定性逐渐增强。反应溶剂丙酮和无水乙醇的质量比为 1∶1 时，POSS-PDMS 的重量损失率最低，热稳定性最佳。这是由于在该溶剂比例下更有利于硅氧烷柔韧链段的伸展，使得 PDMS 提供更多的氨基基团反应位点，更大程度地参与和 EP-POSS 中的环氧基团的开环反应，使反应更充分地发生。

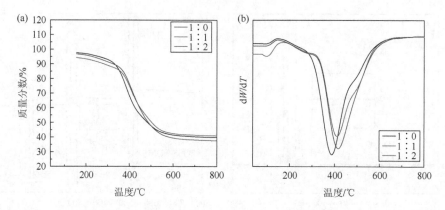

图 2-3　（a）不同溶剂质量比的 TGA 曲线图，（b）不同溶剂质量比的 DTG 曲线图

2.2.4　黏接性能及其影响因素

为了研究在不同反应条件下保护材料 POSS-PDMS 的黏接强度，研究了反应溶剂、反应浓度、催化开环剂以及 PDMS 分子量对 POSS-PDMS 黏接强度的影响，结果见图 2-4，具体配方见表 2-1。图 2-4（a）中，当其他条件不变，使用四甲基乙二胺（TMEDA）作为催化开环剂时，黏接强度最好。以四氢呋喃（S4）、氯仿（S5）和丙酮（S6）为溶剂的条件下，黏接强度分别为 1.86 MPa、2.36 MPa、2.44 MPa。同样，丙酮为反应溶剂时，POSS-PDMS 的剪切抗拉伸强度也最大，以 PMDETA（S3）、TMEDA（S6）和 PMDETA + TMEDA 的混合物（S9）为催化开环剂时，黏接强度分别为 2.35 MPa、2.44 MPa 和 2.40 MPa。由以上优化条件可知，以丙酮为反应溶剂，TMEDA 为催化开环剂时黏接强度最高（2.44 MPa）。

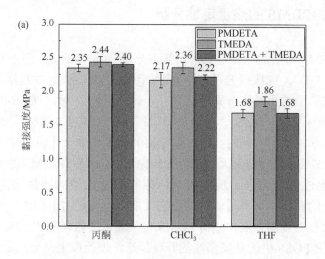

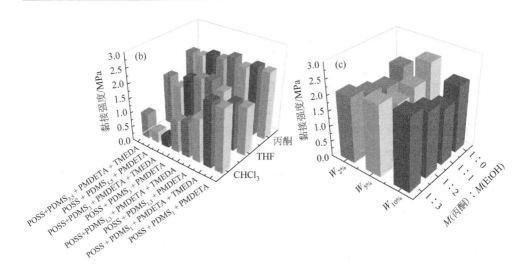

图 2-4　（a）不同溶剂和催化开环剂对 POSS-PDMS 黏接性的影响，（b）不同 PDMS 分子量、溶剂和催化开环剂对 POSS-PDMS 黏接性的影响，（c）不同溶剂质量比以及不同质量浓度条件下对 POSS-PDMS 的黏接性的影响

图 2-4（b）是以丙酮为反应溶剂时不同分子量的 PDMS 对黏接强度的影响。当 PDMS 的分子量分别为 1000（PDMS$_1$）、1000 和 3000 的混合物（PDMS$_{1,3}$）、3000（PDMS$_3$）、3000 与 5000 的混合物（PDMS$_{3,5}$）时，POSS-PDMS 黏接强度大小遵循 PDMS$_{1,3}$（2.45 MPa）>PDMS$_1$（2.35 MPa）>PDMS$_3$（2.30 MPa）>PDMS$_{3,5}$（2.16 MPa）的顺序，表明 POSS-PDMS 的黏接强度随 PDMS 分子量的增加而降低。

为了使保护材料更具环保性，将不同质量比的丙酮与无水乙醇混合溶液作为反应溶剂，研究了丙酮和无水乙醇的质量比分别为 1∶0、1∶1、1∶2、1∶3 时 POSS-PDMS 的黏接强度变化。图 2-4（c）显示了丙酮和无水乙醇的混合溶剂条件下黏接强度仍优于以氯仿或四氢呋喃为溶剂时的效果。结果表明，当 POSS-PDMS 的质量浓度为 10%时，黏接强度分别为 2.19 MPa、1.84 MPa、2.12 MPa 和 2.37 MPa；当质量浓度为 5%时，黏接强度分别为 2.59 MPa、2.14 MPa、1.97 MPa 和 2.31 MPa；而当质量浓度 2%时，黏接强度则分别为 2.13 MPa、1.76 MPa、1.92 MPa 和 2.14 MPa。这些不同质量浓度下 POSS-PDMS 黏接强度随无水乙醇的质量比的增加均呈先减小后增加的变化规律。综上讨论，通过对 POSS-PDMS 的反应条件对比，当反应溶剂选择丙酮和无水乙醇质量比为 1∶1 的混合溶液、催化开环剂为 TMEDA、PDMS 的分子量为 1000、反应体系质量浓度为 5%时，POSS-PDMS 的黏接强度最为优异。

2.2.5 涂层的透光性能及浓度的影响

POSS-PDMS 涂层的透光性如图 2-5 所示,当 POSS-PDMS 的质量浓度为 10%时,透光率为 96.7%,而当质量浓度为 5%和 2%时,涂层透光率分别为 98.9%、99.3%。表明随着 POSS-PDMS 的质量浓度增加,涂层的透光性逐渐减小,但通过对比可见光的波长在 400~800 nm 范围内不同质量浓度的 POSS-PDMS 涂层,平均透光率都达到了 96%以上。为了进一步验证成膜后的透光性,将涂覆于玻璃板上的 POSS-PDMS 涂层覆盖于"西安交通大学"字样上。结果表明,POSS-PDMS 涂层的透明性与空白玻璃板几乎相差无异,这进一步证明了 POSS-PDMS 具有较好的光学性质。

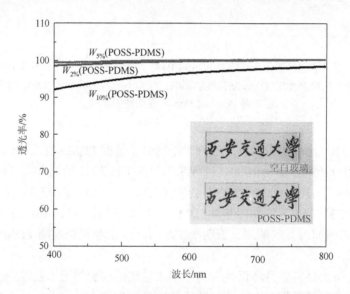

图 2-5　不同质量浓度下的 POSS-PDMS 透光率谱图

2.2.6 POSS-PDMS 涂层的表面形貌特征

POSS-PDMS 涂层的透射电子显微镜(TEM)图像如图 2-6 所示,对比 50 μm 和 200 μm 尺寸范围内的涂层表面形貌可看出,二者表面均呈平整均匀且无明显颗粒物和因相分离引起的表面不平整现象,呈均匀光滑状态。POSS-PDMS 涂层的扫描电子显微镜(SEM)图像如图 2-7 所示,不同尺寸范围的涂层均呈现出平整均匀的形貌特征。形成这一现象的原因,一方面是由于 EP-POSS 和 PDMS 二者形成的体系溶液较均匀且未发生明显的相分离,另一方面是 PDMS 的引入带来的优势。由于 PDMS 具有较低的表面张力和较好的柔韧性、防污性、润滑性,能够向膜表面迁移,从而使膜表面表现出平整光滑的特征。结合 POSS-PDMS 涂层的能量色散 X 射线谱（EDS）扫描图像［如图 2-7（a）中插图所示］，进一步证明涂层具有光滑均一的表面形貌，并且通过 O、C、N 以及 Si 元素在涂层表面的分布状态表明 PDMS 已成功引入且分布较均匀，POSS-PDMS 体系未发生明显的相分离，体系溶液呈均匀的混合相状态。

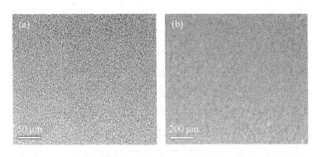

图 2-6　在 50 μm（a）和 200 μm（b）尺寸范围内 POSS-PDMS 涂层的 TEM 图

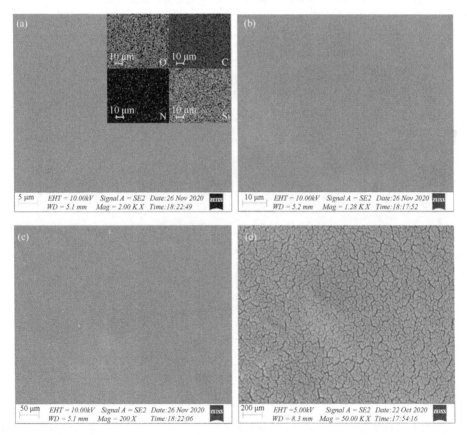

图 2-7　5 μm（a）、10 μm（b）、50 μm（c）和 200 μm（d）尺寸范围内 POSS-PDMS
涂层 SEM 图

　　为了进一步研究 POSS-PDMS 的有机和无机组分是否发生相分离，对 POSS-PDMS 涂层进行了 AFM 表征，如图 2-8 所示。将 POSS-PDMS 涂层和纯 EP-POSS 的平均粗糙度 R_a、均方根粗糙度 R_q 和最大粗糙度 R_{max} 进行对比，结果表明，与纯 EP-POSS 涂层（R_a 0.230 nm、R_q 0.688 nm 和 R_{max} 1.22 nm）相比，POSS-PDMS 涂层的粗糙度（R_a 1.05 nm、R_q 1.76 nm 和 R_{max} 4.05 nm）有了明显的提高。此外，对涂层任意 5 μm 范围内的形貌进行了粗糙度分析，对比图 2-8（b）和图 2-8（d）中的粗糙曲线，结果显示 POSS-PDMS 涂层的粗糙度明显高于纯 EP-POSS 涂层。总体来看，POSS-PDMS 涂层宏观表面较平整光滑，未发生明显的相分离。这一现象形成的原因，一方面是由于反应物组分间具有良好的相容性，硅氧烷基团聚集在涂层表面形成致密的交联网络结构；另一方面是由于 PDMS 的低表面能促使 POSS-PDMS 的柔韧长链向涂层表面迁移，使其表现出一定的疏水性，而这一特性与粗糙度的提高呈正相关。这种结构形成的微观粗糙表面和宏观光滑表面也会对表面润湿性形成一定的影响，有助于提高涂层表面的疏水性。

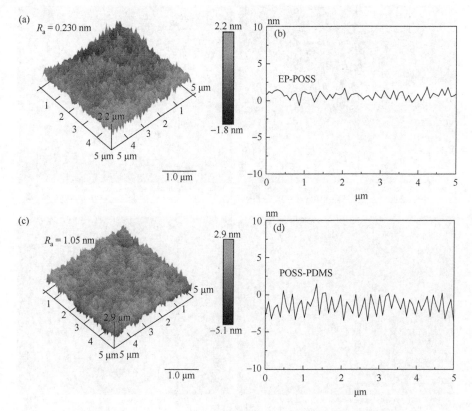

图 2-8　纯 EP-POSS 涂层（a）、POSS-PDMS 涂层（c）的 AFM 图，以及纯 EP-POSS 涂层（b）、POSS-PDMS 涂层（d）在 5 μm 范围内的粗糙曲线图

2.2.7　POSS-PDMS 涂层的静态水接触角

研究表明，PDMS 具有良好的耐候性、耐化学性及防污性，而这些特性与其疏水性在一定程度上也有关联。因此，POSS-PDMS 的疏水性也很重要。图 2-9（a）为 PDMS 与催化开环剂 PMDETA 不同摩尔比时 POSS-PDMS 涂层表面静态水接触角的变化。当 PDMS 和 PMDETA 的摩尔比为 1∶1、1∶2、1∶4、1∶14 时，涂层表面的静态水接触角分别为 102°、104°、106°、105°，具体配方和接触角见表 2-3。结果表明，随着 PDMS 与 PMDETA 的摩尔比增加，水滴在涂层表面的静态接触角呈先增大后减小的趋势，但总体的疏水性变化不大。进一步研究了催化开环剂和PDMS 分子量对涂层表面疏水性的影响，如图 2-9（b）所示。其中，PMDETA 作为反应的催化开环剂时，水滴在 POSS-PDMS$_1$、POSS-PDMS$_2$ 和 POSS-PDMS$_3$ 涂层表面的静态接触角分别为 102°、106°和 104°；而使用 TMEDA 作为催化开环剂时，三者的静态水接触角则分别为 104°、109°和 110°，分别比 PMDETA 三组接触角提高了 2.0%、3%和 6%。因此，相比于 PMDETA，使用 TMEDA 作为催化开环剂时更有利于 POSS-PDMS 涂层疏水性的提高。根据电子效应，PMDETA 的中心 N 原子所连接的 N,N-二甲基氨基乙基基团的拉电子效应强于 TMEDA 的甲基基团，因此TMEDA 的孤对电子的亲核作用强于 PMDETA，更有利于碱性催化下的开环反应。

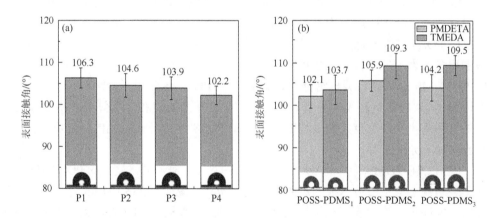

图 2-9　（a）PDMS 和催化开环剂 PMDETA 不同摩尔比时 POSS-PDMS 涂层表面的静态水接触角，（b）不同 PDMS 分子量和不同催化开环剂时 POSS-PDMS 涂层表面的静态水接触角

表 2-3　不同配方的 POSS-PDMS 涂层表面的静态水接触角

样品	EP-POSS/mmol	PDMS∶PMDETA（mmol∶mmol）	静态接触角/(°)
样品 P1	0.5	1∶4	106
样品 P2	0.5	1∶14	105

样品	EP-POSS/mmol	PDMS：PMDETA （mmol：mmol）	静态接触角/(°)
样品 P3	0.5	1：2	104
样品 P4	0.5	1：1	102

2.2.8 小结

本节使用 EP-POSS 和 PDMS 在碱性氨基催化开环剂的作用下通过一步开环反应制备了一种 SiO_2 增强柔性硅氧烷杂化材料 POSS-PDMS，并通过反应条件的优化，综合黏接性、透明性、热稳定性、疏水性等的测试选择出性能最好的 POSS-PDMS。具体结果小结如下所述。

（1）通过对比不同反应溶剂、PDMS 分子量和催化开环剂对黏接性的影响，当反应溶剂为丙酮、催化开环剂为 TMEDA、PDMS 分子量为 1000 时，POSS-PDMS 涂层的黏接强度最高，达到 2.44 MPa。这是由于随着 PDMS 分子量的增加，POSS 与 PDMS 的兼容性越差，丙酮（$\delta = 9.9$ $cal^{1/2} \cdot cm^{-3/2}$）作为溶剂时，有利于溶液中 PDMS（7.3 $cal^{1/2} \cdot cm^{-3/2}$）柔性链段伸展和氢键官能团暴露，从而增强氢键诱导下的黏接力。当溶剂丙酮和无水乙醇的质量比为 1：1、POSS-PDMS 的质量浓度为 5% 时，POSS-PDMS 涂层具有最大黏接强度（2.14 MPa）。同时，当丙酮和无水乙醇的质量比为 1：1 时，POSS-PDMS 的分解温度（363～560℃）范围最小。同时，POSS-PDMS 最终剩余无机组分的含量最高（41%）。这是由于丙酮和无水乙醇质量比为 1：1 的溶剂环境中更有利于硅氧烷柔性基团的伸展，使得 PDMS 提供更多的氨基基团反应位点，更大程度地参与和 POSS 中的环氧基团的开环反应，使反应更加充分地进行。

（2）POSS-PDMS 涂层的平均透光性高于 97%，并且不同浓度下的 POSS-PDMS 涂于玻璃板上与空白玻璃板的透明性几乎无差异，说明 POSS-PDMS 涂层具有良好的光学性质。涂层表面在不同尺寸范围内均呈光滑均匀的状态，无明显颗粒物和相分离引起的表面不平整现象。与 EP-POSS 涂层相比，POSS-PDMS 涂层表现出更高的粗糙度，这是由于 PDMS 的低表面能促使 POSS-PDMS 的柔性长链向涂层表面迁移，使其表现出一定的疏水性。研究了 PDMS 的分子量、PDMS 和催化开环剂的摩尔比对 POSS-PDMS 涂层表面静态水接触角的影响。结果表明，随着 PDMS 与 PMDETA 的摩尔比增大，水滴在涂层表面的静态接触角呈先增大后减小的趋势。相比于 PMDETA，使用 TMEDA 作为催化开环剂时 POSS-PDMS 涂层表面疏水性更高，但整体差异不大。

2.3　SiO₂ 增强不同链段长度硅氧烷柔性的保护材料设计与性能研究

2.3.1　POSS-APTS 和 POSS-AHAPTMS 的设计思路与合成

在使用带有氨基基团的 PDMS 作为 EP-POSS 中环氧基团的开环剂，通过开环反应制备 SiO₂ 增强柔性硅氧烷杂化材料 POSS-PDMS 时，由于 PDMS 两端的氨基基团在 PDMS 总分子量中所占比重较小，且在整个反应中 PDMS 添加的摩尔量较少，即使加入氨基催化开环剂，总体的环氧开环量有限，仅靠环氧基团开环生成的—OH 基团所提供的黏接效果受限。为了解决这个问题，受硅烷偶联剂良好的渗透性和较低黏度的启发，推测使用硅烷偶联剂获得的保护材料能更容易地渗入多孔砂岩中。并且硅烷偶联剂中的有机官能团和硅烷氧基分别对有机物和无机物具有良好的反应性和兼容性，可以通过共价键等化学键合在有机材料和无机材料之间建立桥梁。重要的是，由于硅烷偶联剂中的硅氧烷结构和砂岩成分类似，其与砂岩文物具有理想的相容性。本节将用两种具有不同长度硅氧烷链段以及不同氨基数量的硅烷偶联剂 3-氨基丙基三乙氧基硅烷（APTS）和[3-(6-氨基己基氨基)丙基]三甲氧基硅烷（AHAPTMS）分别代替 PDMS，无需催化开环剂即可与 EP-POSS 通过开环反应相结合，分别制备出 POSS-APTS 和 POSS-AHAPTMS。相比于 PDMS 通过—OH 基团与砂岩相结合，两种硅烷偶联剂还能通过一侧的硅氧烷基团与砂岩进行化学键合，与砂岩具有更好的结合力和相容性。同时，POSS-APTS 和 POSS-AHAPTMS 这两种保护材料的反应溶剂均为无水乙醇，相比于以丙酮-无水乙醇为溶剂的 POSS-PDMS 更具环保性。

POSS-APTS 的合成：将 EP-POSS 溶解到无水乙醇中，加入 APTS，在 47℃下搅拌加热 12 h，得到笼线型 POSS-APTS 杂化材料，制备过程如图 2-10 所示。

POSS-AHAPTMS 的合成：将 EP-POSS 溶解到无水乙醇中，加入 AHAPTMS，47℃下搅拌加热 12 h，得到笼线型 POSS-AHAPTMS 杂化材料，制备过程如图 2-11 所示。

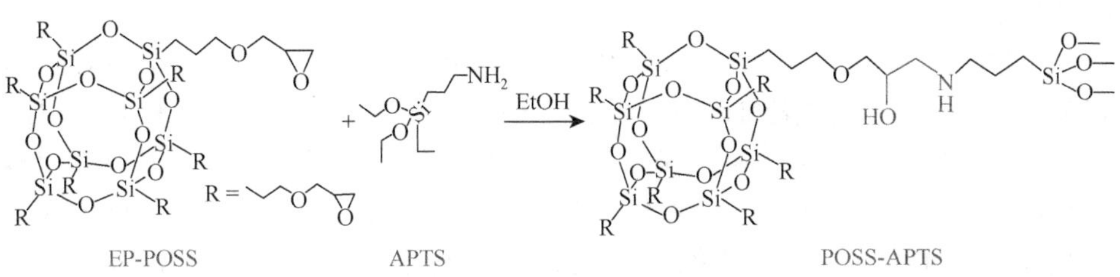

图 2-10　POSS-APTS 的制备路径

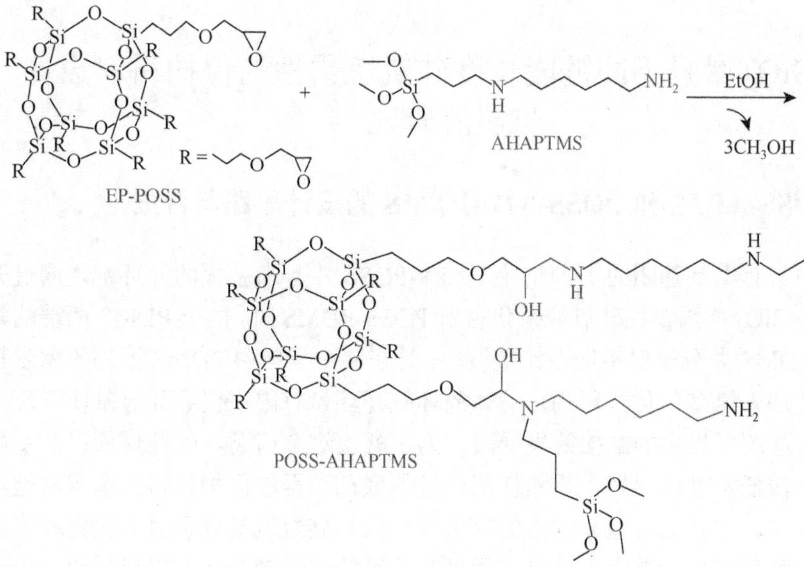

图 2-11　POSS-AHAPTMS 的制备路径

2.3.2　POSS-APTS 和 POSS-AHAPTMS 的结构表征

POSS-APTS 和 POSS-AHAPTMS 的 FTIR 图谱（图 2-12）证明了两种 SiO$_2$ 增强柔性硅氧烷杂化材料的成功制备。如图 2-12（a）所示，与 EP-POSS 相比，POSS-APTS 和 POSS-AHAPTMS 在 3403 cm^{-1} 处的特征峰归属于 O—H 的伸缩振动吸收峰，这说明 POSS 中的环氧基团与 APTS、AHAPTMS 上的氨基基团发生了开环反应。图 2-12（b）所示的 FTIR 局部放大谱图中，1197 cm^{-1} 处的吸收峰是由 C—O 基团或 C—N 基团的伸缩振动引起的，1000～1100 cm^{-1} 处的强吸收峰归属于 Si—O—Si 基团或 C—O—C 基团的伸缩振动峰，955 cm^{-1} 处的吸收峰是由 Si—OH 基团形成的弯曲振动引起的，这一基团是 APTS 和 AHAPTMS 一侧的端基硅烷基团水解缩合形成的，907 cm^{-1} 处出现的弱吸收峰则代表环氧基团的弯曲振动吸收，与 EP-POSS 相比，POSS-APTS 和 POSS-AHAPTMS 环氧基团的吸收峰极弱，这说明开环反应相对比较彻底。

POSS-APTS 和 POSS-AHAPTMS 的 ^{29}Si-NMR 曲线如图 2-13 所示，POSS-APTS 在 $\delta = -46$ ppm 处的强烈特征峰表明其端基一侧具有 T^1[(—O)RSi(OH)$_2$]结构。此外，两种保护材料在 $\delta = -65～-70$ ppm 均出现多重强烈的特征峰，说明这两种材料均具有 T^3[(—O)$_3$Si—]结构。这些结果表明 POSS-APTS 和 POSS-AHAPTMS 含有不同缩合程度的硅氧烷结构。通过缩合度计算公式得出 POSS-APTS 和 POSS-AHAPTMS 的缩合度分别是 98.5% 和 99.3%。对比两种 SiO$_2$ 增强柔性硅氧烷杂化材料，由于 POSS-AHAPTMS 的硅氧烷柔性链的链段较长，促使其链段提供了更多的反应位点，因此会提高 POSS-AHAPTMS 的硅氧烷网络的缩合程度，从而形成 T^3 单元。而 POSS-APTS 的硅氧烷链段相对较短且氨基数量较少，因此 POSS-APTS 除了 T^3 单元，还具有 T^1 单元。

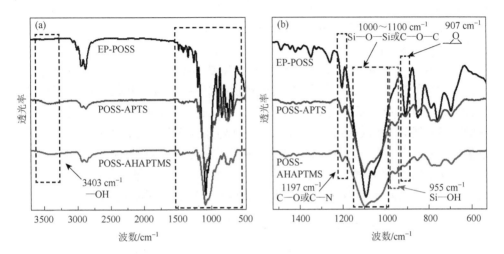

图 2-12　（a）EP-POSS、POSS-APTS 和 POSS-AHAPTMS 的 FTIR 谱图，（b）为（a）的局部放大谱图

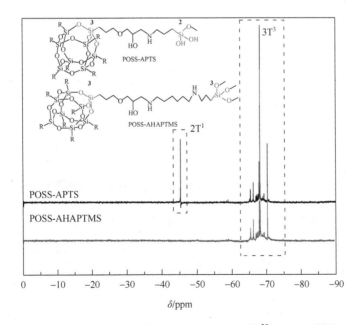

图 2-13　POSS-APTS 和 POSS-AHAPTMS 的 ^{29}Si-NMR 谱图

POSS-APTS 和 POSS-AHAPTMS 的 XPS 曲线如图 2-14 所示。可以观察到与纯 EP-POSS 相比，两种材料均在 400 eV 处出现 N 1s 的吸收峰，而 O 1s、C 1s、Si 2s、Si 2p 元素的吸收峰的位置与纯 EP-POSS 元素基本一致，分别出现在 528 eV、286 eV、151 eV 和 103 eV，具体元素含量见表 2-4。与理论含量相比，POSS-APTS 涂层的 Si 及 C 元素含量（Si、O、C 及 N 元素的含量分别为 9.48%、23.41%、64.98% 和 2.13%）分别增加了 1.28% 和 3.88%，而 O 和 N 元素含量分别减少了 3.33% 和 1.83%。POSS-AHAPTMS 涂层（Si、O、C 及 N 元素的含量分别为 14.66%、20.98%、61.26% 和 3.1%）Si 元素含量增加 6.93%，C 元素含量基本不变，而 O 和 N 元素含量分别减少 4.84% 和 1.91%。以上结果表明这两种保护材料与纯 EP-POSS 相比，不仅具有 N 元素，也在自身交联杂化的过程中促进了 Si 元素的含量增加。这些现象是硅氧烷的氨基基团与 EP-POSS 的环氧基团发生开环反应从而形成 SiO_2 增强柔性硅氧烷杂化材料后，由于柔性链段较长，从而促使形成的羟基基团暴露在材料的外部造成的。随着柔韧链的链段增长，链段提供的交联杂化位点逐渐增加。以上这些结果也进一步说明成功制备出 POSS-APTS 和 POSS-AHAPTMS 两种保护材料。

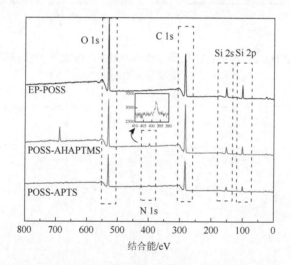

图 2-14　纯 EP-POSS、POSS-APTS 和 POSS-AHAPTMS 的 XPS 谱图

表 2-4　POSS-APTS 和 POSS-AHAPTMS 的元素含量

元素	POSS-APTS		POSS-AHAPTMS	
	理论值/%	测试值/%	理论值/%	测试值/%
Si	8.20	9.48(+1.28)	7.73	14.66(+6.93)
O	26.74	23.41(−3.33)	25.82	20.98(−4.84)
C	61.10	64.98(+3.88)	61.44	61.26(−0.18)
N	3.96	2.13(−1.83)	5.01	3.10(−1.91)

2.3.3　热稳定性与硅氧烷链段长度的关系

POSS-APTS 和 POSS-AHAPTMS 的热重分析曲线［图 2-15（a）］及热重的一阶导数分析曲线［图 2-15（b）］显示，POSS-APTS 的降解温度为 180～320℃以及 350～550℃，POSS-AHAPTMS 的降解温度则为 370～550℃。结果表明，POSS-APTS 的热稳定性在三种 SiO_2 增强柔性硅氧烷杂化材料中最小，而 POSS-AHAPTMS 的热稳定性最高。这一结果产生的原因是由于 APTS 两侧端基分别是氨基基团和短链的乙氧基硅烷基团，并且这两种反应基团都靠近涂层底部，不仅加速了氨基与环氧基团的开环形成强极性 O—H 基团，而且也加快了硅烷基团的水解缩合，从而形成 Si—OH 基团和 Si—O—Si 基团；而 POSS-AHAPTMS 杂化材料一侧含有两个距离相对较远的氨基基团，另一侧是甲氧基硅烷基团，这两种反应基团彼此距离也较远，有利于开环反应和水解缩合反应的发生，从而导致 POSS-AHAPTMS 的热稳定性优于 POSS-APTS。100℃时，POSS-APTS 和 POSS-AHAPTMS 发生的轻微质量损失是涂层中多余水分的蒸发所致。POSS-APTS 和 POSS-AHAPTMS 的最终剩余无机组分的含量分别为 44% 及 38%（具体降解温度和无机组分含量见表 2-5）。上述结果说明两种保护材料 POSS-APTS 和 POSS-AHAPTMS 均具有良好的热稳定性，并且线型结构单元越长、热稳定性越好。

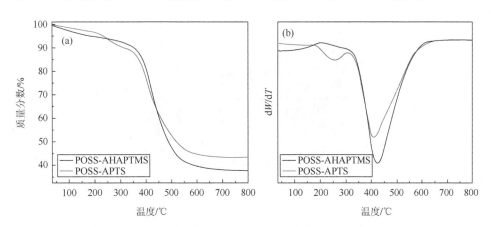

图 2-15　POSS-APTS 和 POSS-AHAPTMS 的 TGA 曲线图（a）和 DTG 曲线图（b）

表 2-5　POSS-APTS 和 POSS-AHAPTMS 的降解温度和剩余无机组分含量

保护材料	降解温度/℃	剩余无机组分含量/%(质量分数)
POSS-AHAPTMS	370～550	38
POSS-APTS	180～320、350～550	44

2.3.4 黏接性能及湿热老化的影响

不同质量浓度条件下 POSS-APTS 和 POSS-AHAPTMS 的黏接强度变化如图 2-16 所示，质量浓度为 10%、5%和 2%的 POSS-APTS 的黏接强度分别为 1.63 MPa、1.58 MPa 和 0.96 MPa。并且质量浓度为 5%和 10%时 POSS-APTS 的黏接强度与质量浓度为 2%时相比，分别增加了 64.6%和 69.8%。而相同质量浓度下的 POSS-AHAPTMS 的黏接强度分别为 2.13 MPa、1.86 MPa 和 1.72 MPa。同样地，与质量浓度为 2%的黏接强度相比，5%和 10%质量浓度时的黏接强度分别增加了 8.1%和 23.8%。结果表明，这两种保护材料的黏接强度均随着质量浓度的增加而增大。这是由于随着质量浓度的增加，SiO_2 增强柔性硅氧烷杂化材料的开环反应和硅氧烷的水解缩合反应的程度更彻底，并且交联程度也更大，形成的强极性—OH 基团更多，从而与玻璃表面的羟基基团结合位点也越多，二者结合越牢固，最终导致材料的黏接强度增大。

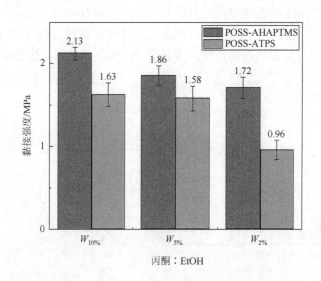

图 2-16　不同质量浓度的 POSS-APTS 和 POSS-AHAPTMS 黏接强度

进一步研究了 POSS-APTS 和 POSS-AHAPTMS 黏接强度在湿热老化循环条件下的变化趋势，并与 2.2 节中的 POSS-PDMS 进行对比。将三种保护材料黏接后的玻璃板以每种材料 8 组为一个循环测试平行样。老化过程中将待测试玻璃样品放入温湿度试验箱中，每 30 天为一次循环。如图 2-17 所示，经历 0 次、1 次、2 次、3 次和 4 次湿热老化循环后，POSS-PDMS 的黏接强度分别为 1.97 MPa、

1.61 MPa、1.41 MPa、1.59 MPa 和 1.59 MPa，POSS-APTS 在相同循环条件下的黏接强度分别为 1.58 MPa、1.70 MPa、1.43 MPa、1.36 MPa 和 1.20 MPa，而 POSS-AHAPTMS 的黏接强度则分别为 1.86 MPa、1.34 MPa、1.19 MPa、1.14 MPa 和 1.57 MPa。结果表明，POSS-PDMS 和 POSS-AHAPTMS 两种保护材料随着湿热老化循环次数的增加，黏接强度均呈现出先减小后增大的变化趋势，但最终经历四组循环后黏接强度均低于循环老化前的黏接强度，并且在进行四组老化循环后 POSS-PDMS 和 POSS-AHAPTMS 与未老化循环前相比黏接强度分别降低了 19.3%和 15.6%。而 POSS-APTS 在经历相同的湿热老化循环后黏接强度则呈现出先增大后逐渐减小的规律，在第一次老化循环后黏接强度最大（1.70 MPa），而在第四次循环后减小到 1.20 MPa，与第一次老化相比减少了 29.4%。发生这些现象的原因是由于 POSS-PDMS 和 POSS-AHAPTMS 两种保护材料的硅烷均具有较长的柔韧链段，能够提高材料整体表面积，增加交联反应位点，在高温高湿的环境中会先使一部分黏接材料逐渐失效，导致黏接强度减小。但随着湿热老化循环次数的增加，高温和水蒸气环境可以提高保护材料羟基基团与玻璃基底的黏接，从而使黏接强度又增大。而 POSS-APTS 由于硅烷链段较短，提供的反应位点较少，且只有一侧的端基具备氨基基团，因此黏接强度在三种保护材料中最小。在高温高湿环境中黏接材料更容易失效，导致该材料的黏接强度随着老化循环次数的增加而逐渐减小。

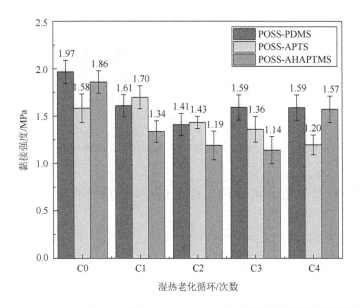

图 2-17 POSS-PDMS、POSS-APTS 和 POSS-AHAPTMS 三种保护材料经历不同湿热老化循环的黏接强度变化

2.3.5　涂层透光性能

POSS-APTS 和 POSS-AHAPTMS 两种保护材料涂层的透光性曲线如图 2-18 所示。结果表明，POSS-APTS 在质量浓度分别为 10%、5%和 2%时涂层的透光性分别为 99.0%、98.2%和 99.5%，而 POSS-AHAPTMS 涂层的透光性在相同质量浓度条件下分别为 99.9%、97.5%和 99.1%，总体来说，两种保护材料涂层的透光性随着质量浓度的增加变化不大。将涂有保护材料涂层的玻璃片放于印有"西安交通大学"字样的纸张上并与空白玻璃进行对比，结果表明肉眼观察两种玻璃涂层和空白玻璃无明显区别。以上结果证明 POSS-APTS 和 POSS-AHAPTMS 两种保护材料均具有良好的透光性。

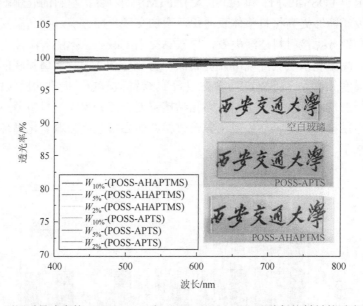

图 2-18　不同质量浓度的 POSS-APTS 和 POSS-AHAPTMS 两种保护材料的透光率曲线图

2.3.6　涂层表面形貌和亲水性与硅氧烷链段的影响

图 2-19 为 POSS-APTS 和 POSS-AHAPTMS 两种保护材料的 SEM 图像及 EDS 扫描图像。结果表明，POSS-APTS 和 POSS-AHAPTMS 材料均具有平整均一的表面形貌。并且，10 μm 尺寸的 EDS 图像显示保护材料中的 Si 元素、C 元素及 O 元素含量丰富且分布均匀。虽然相比于其他元素，N 元素含量较少，但分布较均匀，且未出现局部富集的现象。这些形貌特征表明 POSS-APTS 和 POSS-AHAPTMS 两种保护材料在成膜过程中均未发生明显的相分离现象，而这一结果的形成一方

面是由于 EP-POSS 和 APTS/AHAPTMS 混合相都较均匀, 另一方面是由于 APTS 和 AHAPTMS 的一侧的端基均由硅烷基团构成, 在水解缩合反应过程中形成硅羟基基团, 而该基团可以与玻璃基底上的硅羟基发生缩合作用并且在玻璃表面形成排列有序的硅氧烷网络。

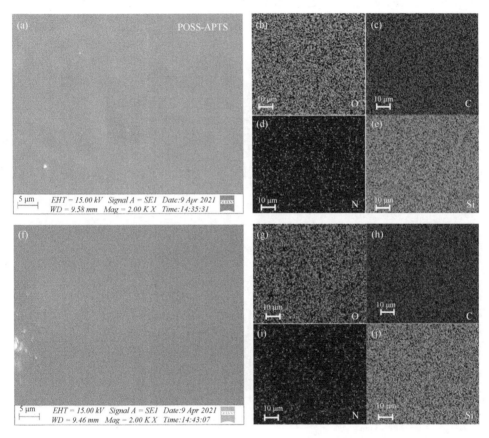

图 2-19　(a) POSS-APTS 涂层的 SEM 图, (b) ~ (e) POSS-APTS 涂层的 EDS 扫描图, (f) POSS-AHAPTMS 涂层的 SEM 图, (g) ~ (j) POSS-AHAPTMS 涂层的 EDS 扫描图

进一步使用 AFM 对 POSS-APTS 和 POSS-AHAPTMS 两种保护材料涂层表面的粗糙度进行了分析, 如图 2-20 所示, 并对两种保护材料的平均粗糙度 R_a、均方根粗糙度 R_q 和最大粗糙度 R_{max} 进行了分析。结果表明, POSS-APTS 的 R_a、R_q 和 R_{max} 分别为 0.941 nm、0.617 nm 和 3.55 nm, 而 POSS-AHAPTMS 的 R_a、R_q 和 R_{max} 则分别为 2.20 nm、5.12 nm 和 9.57 nm。图 2-20 (b) 和 (d) 显示了两种保护材料涂层表面任意 5 μm 的粗糙度曲线, 结果表明 POSS-APTS 的粗糙度波动不超过 5 nm, 而 POSS-AHAPTMS 涂层表面相同尺寸范围内的粗糙度波动高达 20 nm。总

体来说，这两种材料涂层的粗糙度均高于纯 EP-POSS 涂层（$R_a = 0.230\ nm$、$R_q = 0.688\ nm$ 和 $R_{max} = 1.22\ nm$）。并且与纯 EP-POSS 涂层相比，POSS-APTS 和 POSS-AHAPTMS 涂层的 R_a 分别提高了 309%、856%。结合图 2-19，涂层宏观表面较平整光滑且微观形貌显示它们都具有一定的粗糙度。这是由于 POSS-APTS 和 POSS-AHAPTMS 在制备过程中形成致密的交联网络结构，这种结构对提高材料的表面润湿性起到促进作用。

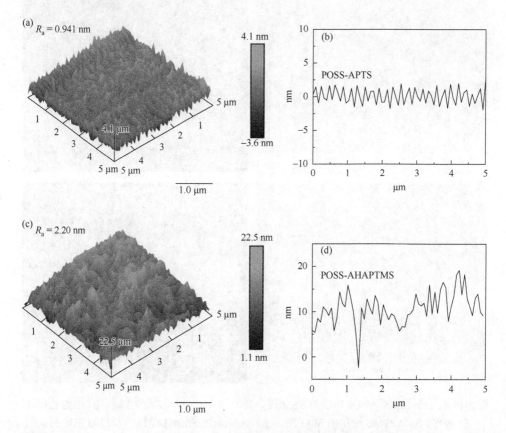

图 2-20　（a）、（c）分别为 POSS-APTS 和 POSS-AHAPTMS 涂层的 AFM 图，（b）、（d）分别为 POSS-APTS 和 POSS-AHAPTMS 涂层在 5 μm 范围内的粗糙曲线

　　将纯 EP-POSS 涂层和 POSS-APTS、POSS-AHAPTMS 两种保护材料涂层的表面进行水滴静态接触角测试。POSS-APTS 与纯 EP-POSS 涂层的接触角均为 100°，而 POSS-AHAPTMS 涂层的接触角则为 86°，这是由于 POSS-AHAPTMS 具有长链柔韧硅氧烷链段，且一侧的端基硅氧烷基团经水解缩合后与玻璃基底形成紧密有序的 Si—O—Si 网络，而氨基基团与环氧基团经开环反应生成的羟基基团也会

与玻璃基底形成相同的 Si—O—Si 链段，这致使长链中的烷基链段远离玻璃基底，形成致密的烷基网络暴露于 POSS-AHAPTMS 涂层表面，因此降低其表面静态水接触角。而 POSS-APTS 的硅氧烷链段一侧一方面仅有一个氨基基团，与环氧基团生成的羟基基团数量可能低于 POSS-AHAPTMS，另一方面其硅氧烷链段长度远低于 POSS-AHAPTMS，因此形成的硅基网络不仅距离基底较近并且也不够致密，增加了 Si—O—Si 结构暴露于表面的概率，最终导致涂层表面的静态水接触角增加。

2.3.7　小结

本节通过一步开环反应制备了两种 SiO$_2$ 增强柔性硅氧烷杂化材料 POSS-APTS 和 POSS-AHAPTMS，并对它们的黏接强度、热稳定性、透光性、表面形貌和疏水性等性能进行了一系列表征。主要结论如下所述。

（1）POSS-AHAPTMS 的热稳定性优于 POSS-APTS。SiO$_2$ 增强柔性硅氧烷杂化材料结构中线型柔韧链段结构单元越长，热稳定性越好。POSS-APTS 和 POSS-AHAPTMS 涂层在 400～800 nm 范围内的透光率分别达到了 98% 和 97% 以上。涂有两种保护材料的玻璃板与空白玻璃板相比，透明性几乎无差异，因此 POSS-APTS 和 POSS-AHAPTMS 涂层均具有较好的光学性质。对比纯 EP-POSS 涂层和 POSS-APTS 和 POSS-AHAPTMS 两种材料涂层表面的静态水接触角，POSS-AHAPTMS 涂层表面的疏水性最差。

（2）POSS-APTS 和 POSS-AHAPTMS 两种材料的黏接强度均随着质量浓度的增加而增大，这是因为随着质量浓度的增加，开环反应和硅氧烷的水解缩合反应进行得更彻底，交联程度增加，形成的强极性—OH 基团更多，与玻璃表面的羟基基团结合位点也更多，从而与玻璃板结合得更牢固。随着湿热老化循环次数的增加，POSS-PDMS 和 POSS-AHAPTMS 两种涂层黏接强度均呈现出先减小后增大的变化趋势，但最终经历四次循环后黏接强度均低于未发生湿热老化循环的黏接强度，并且与未老化循环前相比黏接强度分别降低了 19.3% 和 15.6%。而 POSS-APTS 在经历了同样的湿热老化循环后，黏接强度则呈现出先增大后逐渐减小的规律，与第一次老化相比减少了 29.4%。这表明随着硅氧烷柔韧链段的增长有利于提高材料整体表面积，增加交联反应位点。

（3）与 POSS-APTS 相比，POSS-AHAPTMS 涂层表现出更高的粗糙度。与 EP-POSS 相比，POSS-APTS 和 POSS-AHAPTMS 涂层的 R_a 分别提高了 309%、856%。这是由于 POSS-APTS 和 POSS-AHAPTMS 的交联过程可以形成致密的交联网络结构，促进了疏水性的提高。

2.4　三种二氧化硅增强柔性硅氧烷保护材料对砂岩保护的应用研究

2.4.1　砂岩样品的制备

本节中使用的砂岩样品均来自陕西彬县大佛寺石窟。该砂岩是由 30%的石英、25%的长石和 30%的砂岩碎屑组成的，砂岩颗粒约 1.5 mm，孔隙率为 35%，吸水速率为 143.6 g·m^2·s$^{0.5}$。将样品切割并打磨成 1 cm×1 cm×0.5 cm、2 cm×2 cm×1 cm、2.5 cm×2.5 cm×2.5 cm、4 cm×4 cm×2 cm、4 cm×4 cm×4 cm、5.7 cm×5.7 cm×10 cm 和直径为 5 cm 高为 1 cm 等不同规格的正方体、长方体和圆柱体砂岩样品备用。其中，1 cm×1 cm×0.5 cm 规格的砂岩主要用于 FTIR、XPS、SEM、孔隙直径分布的表征；2 cm×2 cm×1 cm 规格的砂岩主要用于冻融老化、耐盐湿热老化、静态水接触角、色度分析的测试；2.5 cm×2.5 cm×2.5 cm 规格的砂岩主要用于砂岩的黏接性和黏接加固法的耐盐湿热老化测试；直径为 5 cm 高为 1 cm 的砂岩用于水蒸气透过性的测试；5.7 cm×5.7 cm×10 cm 规格的砂岩则用于砂岩渗透性的测试。将切割处理好的砂岩样品使用去离子水进行反复清洗至表面干净，然后将砂岩样品放于 110℃的烘箱中干燥 24 h 后取出放于干燥器中保存。将干燥器中质量恒定的砂岩样品取出后使用不同浓度的三种保护材料 POSS-PDMS、POSS-APTS 和 POSS-AHAPTMS 采用滴渗的方式进行加固保护至砂岩饱和后停止滴渗。将保护后的砂岩样品自然干燥数天至质量恒重后进行测试表征。

渗透性砂岩保护方法：选取三块 5.7 cm×5.7 cm×10 cm 规格的砂岩清洗烘干后将每个砂岩四周侧面均匀地用液态蜡进行刷涂（封蜡处理），同时避免上下两面沾染蜡液。待封蜡完成后自然晾干使蜡液彻底凝固，随后从砂岩上方滴渗保护材料至砂岩渗满饱和材料时停止滴渗，自然干燥至砂岩中的溶剂完全挥发且质量恒重后备用。这样操作是为了防止在滴渗保护材料时，砂岩对保护材料吸收的不均匀以及溶剂带动保护材料从砂岩四周挥发至砂岩表面，使内外的保护材料含量不均匀。具体操作方法如图 2-21 所示。

砂岩粉末黏接方法：将三种保护材料均以 5%的质量浓度滴浸于混合砂岩粉末中，其中混合砂岩各尺寸的质量比为 20 目∶50 目∶100 目 = 1.2∶0.8∶0.5，混合搅匀后将它们各自放于体积为 2 cm×2 cm×1 cm 的锡纸模具中，自然干燥数天后拆除外部模具，得到干燥且成型的砂岩样块。具体操作过程如图 2-22 所示。

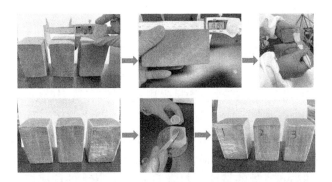

图 2-21　蜡封砂岩并采用滴渗法保护砂岩的操作示意图

图 2-22　砂岩粉末黏接操作流程图

砂岩石块黏接方法：将规格为 2.5 cm×2.5 cm×2.5 cm 的两块砂岩样品通过保护材料和混合砂岩粉末的混合物进行黏接，并在黏接面附近约 1 cm 范围将保护材料通过滴渗法进行加固处理，放于自然环境中干燥一周后至样品质量恒重后备用。具体制备过程如图 2-23 所示。

图 2-23　砂岩石块黏接操作流程图

冻融老化循环测试参考国家标准 GB/T 9966.1—2020 和行业标准 WW/T 0028—2010，耐盐湿热老化测试参考欧洲标准 EN 12370∶1999 天然石材实验方法——耐盐结晶的测定方法，户外现场评估砂岩吸水性参考 WW/T 0065—2015 的方法，使用 Karsten 管对所测样品区域进行测试。

2.4.2 保护砂岩的化学结构及其随老化的变化

经冻融循环老化后的保护砂岩均呈先出现裂缝后局部块状脱落,最终粉化脱落的现象。针对这一现象,对空白砂岩以及冻融老化前后三种保护砂岩进行了 FTIR 分析。其中,经 POSS-PDMS 保护砂岩的冻融老化曲线如图 2-24(a)、(b)所示,POSS-PDMS$_1$ 和 POSS-PDMS$_2$ 分别表示经 POSS-PDMS 保护后的砂岩老化前后的曲线。3593 cm^{-1} 处的特征峰归属于 O—H 基团的伸缩振动峰,1417 cm^{-1} 处的吸收峰归属于 C—N 基团的伸缩振动峰,1093 cm^{-1} 和 1037 cm^{-1} 处的强吸收峰归属于 Si—O—Si 或者 C—O—C 基团的伸缩振动峰,780 cm^{-1} 处的特征峰则为 Si—C 基团的伸缩振动吸收峰。

POSS-APTS 保护砂岩的冻融老化前后对比曲线如图 2-24(c)、(d)所示,POSS-APTS$_1$ 和 POSS-APTS$_2$ 分别表示经 POSS-APTS 保护后的砂岩老化前后的曲线。3526 cm^{-1} 处的特征峰归属于 O—H 基团的伸缩振动峰,C—N 基团的伸缩振动吸收峰位于 POSS-APTS$_1$ 曲线的 1355 cm^{-1} 和 POSS-APTS$_2$ 曲线的 1421 cm^{-1} 处,1093 cm^{-1} 和 1037 cm^{-1} 处的强吸收峰归属于 Si—O—Si 或者 C—O—C 基团的伸缩振动峰,Si—C 基团的伸缩振动吸收峰位于 POSS-APTS$_1$ 曲线的 715 cm^{-1} 和 POSS-APTS$_2$ 曲线的 780 cm^{-1} 处。经 POSS-AHAPTMS 保护砂岩的冻融老化曲线如图 2-24(e)、(f)所示,POSS-AHAPTMS$_1$ 和 POSS-AHAPTMS$_2$ 分别表示经 POSS-AHAPTMS 保护后的砂岩老化前后的曲线。其中,3565 cm^{-1} 处的特征峰归属于 O—H 基团的伸缩振动峰,1419 cm^{-1} 处的特征峰归属于 C—N 基团的伸缩振动峰,1087 cm^{-1} 和 1037 cm^{-1} 处的强吸收峰归属于 Si—O—Si 或者 C—O—C 基团的伸缩振动峰,780 cm^{-1} 处的吸收峰归属于 Si—C 基团的伸缩振动峰。将 FTIR 曲线都进行了归一化处理后发现,与空白砂岩相比,三种保护砂岩老化前后的各官能团吸收峰的强度和峰宽都有了提高。并且,未老化前的保护砂岩吸收峰强度和峰宽最大,而老化后峰强度和峰宽有了一定的降低,但仍高于空白砂岩。这一结果说明三种保护材料与砂岩都具有良好的相容性和结合力,使得主要官能团特征峰的强度得到了提升,而经过冻融老化后,保护材料与砂岩的结合力减弱。因此,相比于老化前主要官能团特征峰的强度减小,冻融老化后保护砂岩的峰强和峰宽仍高于空白砂岩。这说明即使经历多次冻融老化破坏,仍有一部分保护材料与砂岩有效结合,但总体的耐冻融效果将发生一定程度的减弱,并且当水结晶-溶解产生的破坏力超过保护砂岩的机械强度时会导致保护砂岩的最终破坏。

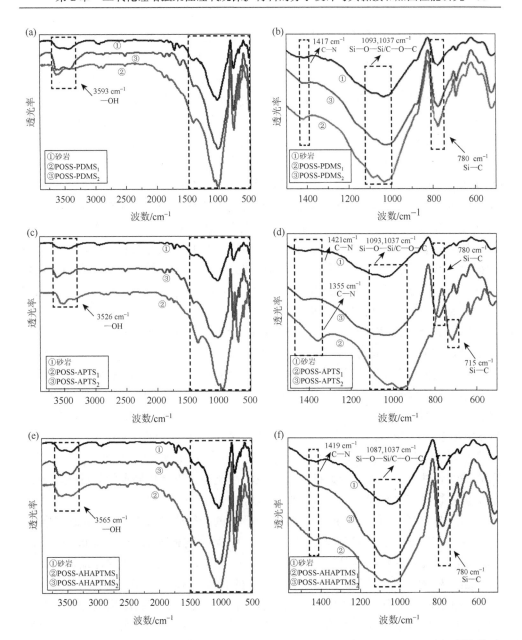

图 2-24　(a)、(c)、(e) 分别为经 POSS-PDMS、POSS-APTS 和 POSS-AHAPTMS 保护前后砂岩的 FTIR 谱图，(b)、(d)、(f) 分别为 (a)、(c)、(e) 的局部放大 FTIR 谱图

　　进一步对保护砂岩耐盐湿热老化前后进行了 FTIR 分析，如图 2-25 所示。将空白砂岩和老化前后的保护砂岩 FTIR 曲线进行归一化处理，并对比各曲线的峰强和峰宽。其中，针对老化后保护砂岩的破坏现象（POSS-PDMS 和 POSS-APTS

两种保护砂岩老化后形成了外部结壳-内部粉化的现象，而 POSS-AHAPTMS 老化后呈整体逐渐脱粉的现象），图 2-25（a）和（b）研究了 POSS-PDMS 耐盐湿热老化破坏后的保护砂岩，分为外壳和内部粉化现象的结构，$3605\ cm^{-1}$ 处的特征峰归属于 O—H 基团的伸缩振动峰，$1420\ cm^{-1}$ 处的吸收峰归属于 C—N 基团的伸缩振动峰，$1100\ cm^{-1}$ 和 $1000\ cm^{-1}$ 处的强吸收峰归属于 Si—O—Si 或者 C—O—C 基团的伸缩振动峰，而 $780\ cm^{-1}$ 处的特征峰归属于 Si—C 基团的伸缩振动峰。经 POSS-PDMS 保护的砂岩老化后其内部粉末相比老化前，峰强和峰宽略微降低，但强于空白砂岩的吸收峰强度。而老化后的外壳部分的各官能团峰强和峰宽比老化后的内部粉末低，与空白砂岩的峰强和峰宽无明显区别。这表明保护材料与砂岩的结合性较好，从而导致各官能团的吸收峰强度增加。保护砂岩老化后出现内部与外壳分裂的现象，这可能是因为 POSS-PDMS 具有良好的疏水性，导致其渗透深度较低，并且溶剂中的丙酮挥发速度快，内部的保护材料会随丙酮的挥发而向砂岩表面迁移。以上结果表明，经 POSS-PDMS 保护后砂岩的耐盐湿热老化效果会随着老化循环次数的增加而减弱。

如图 2-25（c）和（d）所示，$3575\ cm^{-1}$ 处的特征峰归属于 O—H 基团的伸缩振动峰，$1357\ cm^{-1}$ 处的特征峰归属于 C—N 基团的伸缩振动峰，$1035\ cm^{-1}$ 和 $966\ cm^{-1}$ 处的强吸收峰归属于 Si—O—Si 或者 C—O—C 基团的伸缩振动峰，$715\ cm^{-1}$ 处的特征峰归属于 Si—C 基团的伸缩振动峰。经 POSS-APTS 保护的砂岩老化前后的吸收峰强度以及峰宽均高于空白砂岩。与 POSS-PDMS 不同的是，POSS-APTS 保护砂岩老化后外部粉末的吸收峰强度最大，而内部粉末的吸收峰强度几乎与未老化前的保护砂岩几乎一致。这说明经过多次老化后 POSS-APTS 与砂岩的结合性几乎不变，因此砂岩最终破坏可能是由于老化导致的外部破坏力超过保护砂岩的最大承受力，导致了保护砂岩的破坏。

如图 2-25（e）和（f）所示，$3613\ cm^{-1}$ 处的特征峰归属于 O—H 基团的伸缩振动峰，$1418\ cm^{-1}$ 处的特征峰归属于 C—N 基团的伸缩振动峰，$1085\ cm^{-1}$ 和 $1033\ cm^{-1}$ 处的强吸收峰归属于 Si—O—Si 或者 C—O—C 基团的伸缩振动峰，$779\ cm^{-1}$ 处的特征峰归属于 Si—C 基团的伸缩振动吸收峰。结果表明，经 POSS-AHAPTMS 保护后的砂岩老化前后的各官能团吸收峰强度以及峰宽与空白砂岩相比，均有了不同程度的提高。并且，四条 FTIR 曲线表明耐盐湿热老化后的砂岩的吸收峰强度最大。这说明保护材料 POSS-AHAPTMS 与砂岩的结合力及其保护效果随着老化循环次数的增加几乎未减弱。

以上结果表明，三种保护砂岩的主要官能团的吸收峰强度和峰宽都高于空白砂岩，并且有些官能团的峰位发生了偏移。随着耐盐湿热老化循环次数的增加，三种保护材料与砂岩的结合力有了不同程度的减弱现象。其中，POSS-PDMS 所保护砂岩的减弱效果最明显，而 POSS-APTS 和 POSS-AHAPTMS 与砂岩的结合力几乎不变。

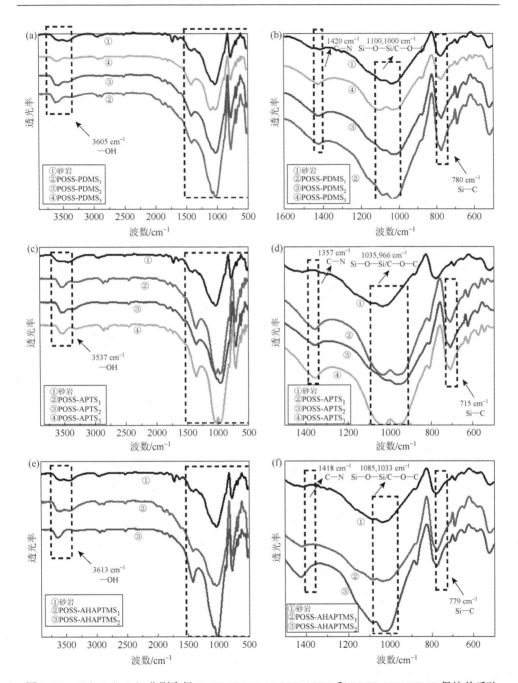

图 2-25 （a）（c）（e）分别为经 POSS-PDMS、POSS-APTS 和 POSS-AHAPTMS 保护前后砂岩的 FTIR 谱图，（b）（d）（f）分别为（a）（c）（e）的局部放大 FTIR 谱图

POSS-PDMS₁、POSS-PDMS₂ 和 POSS-PDMS₃ 分别表示经 POSS-PDMS 保护的砂岩、保护砂岩老化后的内部粉末和外壳粉末；POSS-APTS₁、POSS-APTS₂、POSS-APTS₃ 分别表示经 POSS-APTS 保护的砂岩、保护砂岩老化后的内部粉末和外壳粉末；POSS-AHAPTMS₁ 和 POSS-AHAPTMS₂ 分别表示未老化前的保护砂岩和老化后的保护砂岩

通过 XPS 进一步研究了保护砂岩的元素组成和含量分布（图 2-26）。未保护砂岩与三种保护材料保护后的砂岩中主要元素都为 O、C 和 Si，这三种元素分别在 530.8 eV、284.5 eV 和 100.7 eV 的结合能量下表现出峰值。三种保护砂岩的 Si 元素以及 O 元素含量均低于它们的涂层中对应元素含量，其中，POSS-PDMS、POSS-APTS、POSS-AHAPTMS 保护砂岩的 Si 元素分别比它们对应涂层元素含量降低了 2.0%、8.57% 和 6.58%，O 元素分别降低 4.45%、7.42% 和 10.49%。而相比对应涂层元素，C 元素含量却有所增加，三者分别增加 8.47%、19.09% 和 18.78%；与空白砂岩（Si、O 和 C 元素分别为 6.44%、20.06%、73.50%）相比，POSS-PDMS 保护砂岩的 Si 元素增加 1.04%，而 O 元素减少 1.10%，C 元素含量基本不变；POSS-APTS 保护砂岩的 Si 元素和 O 元素分别减少 0.35% 和 6.50%，而 C 元素则增加 6.85%；POSS-AHAPTMS 保护砂岩的 Si 元素和 C 元素分别增加 0.94% 和 1.38%，而 O 元素则减少 2.06%。具体元素含量见表 2-6，总体来说，POSS-PDMS 和 POSS-APTS 保护的两种砂岩与空白砂岩相比，O 元素含量均略微降低，Si 元素和 C 元素含量略微增加或几乎不变，而 POSS-AHAPTMS 保护砂岩的 C 元素含量增加，而 O 元素和 Si 元素的含量均减少。与三种保护材料的涂层相比，保护砂岩中的 N 元素的含量几乎未检测到。

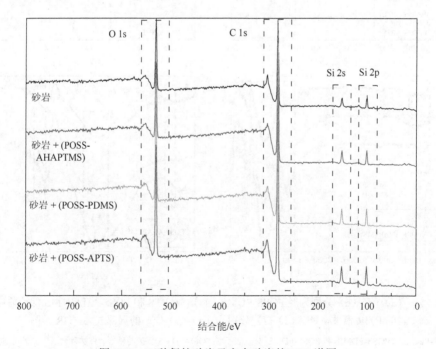

图 2-26　三种保护砂岩及空白砂岩的 XPS 谱图

表 2-6　三种保护材料、空白砂岩及保护砂岩的主要元素含量（%）

元素	POSS-PDMS	POSS-APTS	POSS-AHAPTMS	砂岩	砂岩 +(POSS-PDMS)	砂岩 +(POSS-APTS)	砂岩 +(POSS-AHAPTMS)
Si	9.48	14.66	13.96	6.44	7.48	6.09	7.38
O	23.41	20.98	28.49	20.06	18.96	13.56	18.00
C	64.98	61.26	56.10	73.50	73.45	80.35	74.88
N	2.13	3.1	1.97	—	0.15	—	—

2.4.3　保护砂岩的热重分析

砂岩的热重分析（TGA）曲线（图 2-27）显示，空白砂岩在 610～690℃左右发生了轻微的质量变化，降低了 0.8%，在 648℃附近时，其降解速率达到最大。经 POSS-PDMS 保护的砂岩在 620～710℃左右发生了明显的质量变化，并且质量降低了 3.8%，其最大降解速率发生在 660℃；经 POSS-APTS 保护的砂岩质量于 620～700℃左右降低了 2%，其最大降解速率位于 662℃附近；而经 POSS-AHAPTMS 保护的砂岩的降解发生在 610～700℃左右，质量降低了 3.3%，在 671℃时出现最大降解速率。空白砂岩，经 POSS-PDMS、POSS-APTS 和 POSS-AHAPTMS 保护的砂岩的最终无机组分含量分别为 97.5%、92.4%、96.0% 和 93.7%。这是由于 POSS-PDMS 和 POSS-AHAPTMS 具有比 POSS-APTS 更长的硅氧烷链段，导致这两种材料保护砂岩比 POSS-APTS 保护砂岩的无机组分比重含量更低。总体来说，保护后的砂岩降解温度均低于空白砂岩，且质量损失也略高于空白砂岩。这是由于三种保护材料与砂岩结合后有机组分含量增加，致使保护砂岩的降解速率及质量损失与空白砂岩相比均明显地降低。

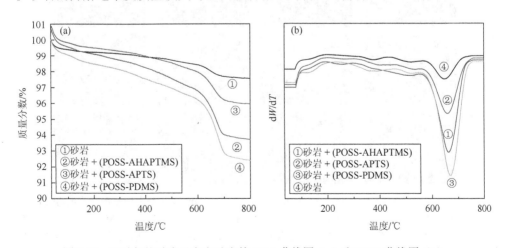

图 2-27　三种保护砂岩及空白砂岩的 TGA 曲线图（a）和 DTG 曲线图（b）

2.4.4　保护砂岩的 SEM 与显微分析

黏接加固保护砂岩的表面形貌主要通过显微镜及扫描电子显微镜（SEM）进行表征。如图 2-28 所示，分别观察了在 10 μm、40 μm 和 100 μm 尺寸中的砂岩保护前后的表面形貌，其中，空白砂岩样品表面具有较多的砂岩颗粒并裹挟碎屑和胶结物，整体形貌较为粗糙。经 POSS-PDMS 保护后的砂岩样品表面的砂岩颗粒孔隙间几乎被保护材料和胶结质、粉末碎屑均匀且密集地填补覆盖。而经 POSS-APTS 和 POSS-AHAPTMS 保护的砂岩样品则表现出砂岩颗粒表面均匀地覆盖一层保护材料的现象。这些形貌特征可能是由于 PDMS 靠两侧端基的氨基基团与 EP-POSS 进行结合，从而形成以 EP-POSS 为结点、PDMS 为线的网络结构，这种网络结构体积较大，可以均匀地覆盖于整个砂岩表面。而 POSS-APTS 和 POSS-AHAPTMS 两种材料通过一侧端基氨基基团与 EP-POSS 反应相结合，而另一侧端基均为硅氧烷基团，能有效地与砂岩表面的硅羟基基团通过化学键合相结合，因此可以说这两种保护材料一部分与 EP-POSS 形成网络结构，另一部分与砂岩结合后形成硅氧烷网络结构，使砂岩颗粒表面均匀地富集了一层薄薄的保护材料。此外，与 POSS-APTS 相比，一部分 POSS-AHAPTMS 也覆盖于砂岩孔隙间。这是由于 AHAPTMS 一侧有机链段中除了端基的氨基，还可以提供另外一个氨基基团与 EP-POSS 相结合，从而可以形成比 POSS-APTS 更大的网络结构，致使部分保护材料填补于砂岩孔隙中。

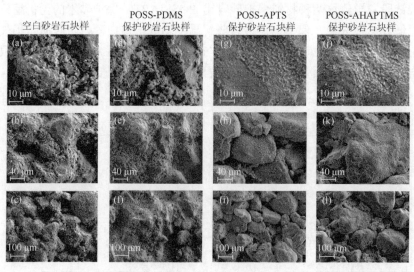

图 2-28　（a）、（b）和（c）分别为 10 μm、40 μm 和 100 μm 尺寸范围内空白砂岩的 SEM 图，（d）、（e）和（f）分别为与其对应尺寸范围内 POSS-PDMS 保护砂岩的 SEM 图，（g）、（h）和（i）分别为对应尺寸范围内 POSS-APTS 保护砂岩的 SEM 图，（j）、（k）和（l）分别为对应尺寸范围内 POSS-AHAPTMS 保护砂岩的 SEM 图

砂岩保护前后的显微观察图如图 2-29 所示，保护后的砂岩表面相对于保护前会有砂岩颗粒及结晶物分布的变化，并且在砂岩表面会有明显的材料成膜所形成的覆盖感，同时可以观察到保护前的砂岩整体表面较为粗糙，孔隙略大。而保护后的砂岩表面更加平整，并且砂岩颗粒之间的缝隙有保护材料的填补。尤其是 POSS-APTS 和 POSS-AHAPTMS 两种材料保护后的砂岩表面，可以明显地看到有一层保护材料覆盖于砂岩之上，这些显微特征表明保护材料与砂岩具有良好的结合性和兼容性。

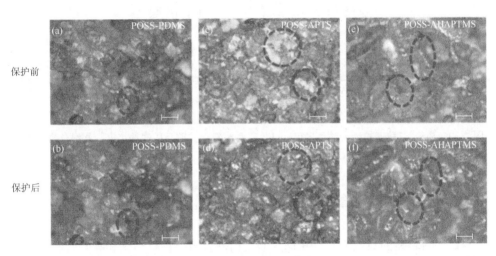

图 2-29　（a）、（c）和（e）分别为空白砂岩在 200 μm 范围内的显微图，（b）、（d）和（f）分别表示经 POSS-PDMS、POSS-APTS 及 POSS-AHAPTMS 保护后的砂岩在相同尺寸范围内的显微图

2.4.5　色度变化及不同保护材料的影响

三种保护材料对砂岩的美学效果通过比色测量 ΔE^* 进行评估。如图 2-30（a）所示，三种保护砂岩的色度变化均低于人眼感知的颜色变化值（$\Delta E^* < 3$）。经 POSS-PDMS、POSS-APTS 及 POSS-AHAPTMS 三种材料所保护砂岩的 ΔE^* 各为 1.10、2.91、2.14。三种保护砂岩的整体色差是由三种保护材料的应用所引起的。图 2-30(b)表示保护前后砂岩样品的 L^*、a^* 和 b^*，其中，POSS-PDMS、POSS-APTS、POSS-AHAPTMS 保护前砂岩样品的 L^{*1}、a^{*1} 和 b^{*1} 分别为 40.9、8.7 和 14.7，41.4、8.9 和 15.4，41.5、8.9 和 15.5。POSS-PDMS、POSS-APTS、POSS-AHAPTMS 保护后砂岩样品的 L^{*2}、a^{*2} 和 b^{*2} 分别为 40.4、8.2 和 14.3，38.7、9.2 和 16.3，39.4、8.9 和 15.8。这些结果表明三种保护材料中 POSS-APTS 对砂岩的表观色度影响最大，而 POSS-PDMS 和 POSS-AHAPTMS 的影响相对较小。但总体来说，三种保

护材料对砂岩的美学外观都没有任何显著的影响。因此，三种保护材料的使用导致人眼无法感知砂岩颜色变化。

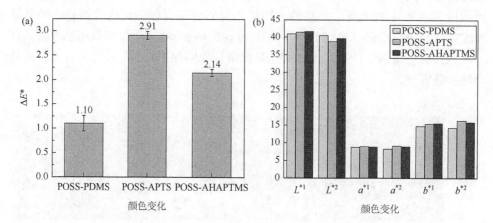

图 2-30　（a）三种保护砂岩的色度值；（b）三种材料保护前后砂岩的亮度、红绿分量和黄蓝分量变化图

2.4.6　砂岩的吸水性能与水蒸气透过性

砂岩对材料的吸收率是指相同大小空白砂岩对一种材料饱和吸收状态下的质量变化率，图 2-31 显示砂岩对 POSS-PDMS、POSS-APTS 以及 POSS-AHAPTMS 三种材料的吸收率分别是 0.87%、0.87%以及 0.88%，因此砂岩对三种保护材料的吸收率几乎相当，而这一结果与保护材料的分子量大小相关。同时，保护材料与砂岩的兼容性及砂岩自身的孔隙率也和保护材料的吸收率密切相关。

砂岩的吸水率同样与砂岩的孔隙率有关。一般来说，孔隙率越大，砂岩的表观密度越小，强度也越低。图 2-32 表明三种保护砂岩的吸水率均低于空白砂岩的吸水率（8.46%）。其中，经 POSS-PDMS、POSS-APTS 以及 POSS-AHAPTMS 三种材料所保护的砂岩的吸水率分别为 7.66%、5.78%和 2.75%，并且三者的吸水率与空白砂岩相比分别降低了 9.46%、31.68%和 67.5%。保护砂岩的吸水率数据表明，POSS-PDMS 保护砂岩的吸水率与空白砂岩相差最小，而 POSS-AHAPTMS 保护砂岩的吸水率最低。这是因为 POSS-AHAPTMS 具有较多的氨基基团，更大程度地参与了开环反应，从而形成更致密的交联网络。总体来说，三种保护材料保护后的砂岩与空白砂岩的吸水率相差较大。这一现象是由于三种保护材料均具有较高含量的低表面能有机硅，使得保护后的砂岩表面形成防水涂层，从而表现出不同程度的疏水性。

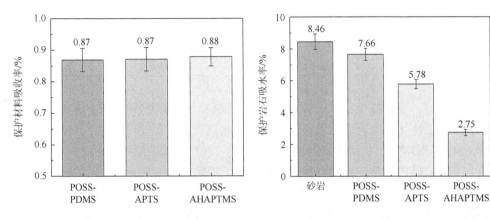

图 2-31 砂岩对三种保护材料的吸收率　　图 2-32 空白砂岩及三种保护砂岩的吸水率

如图 2-33 所示的保护砂岩的水蒸气透过性曲线波动性大小与测试当天的天气直接相关。从图中可知，三种材料保护砂岩水蒸气透过率均略低于空白砂岩的水蒸气透过率，具体变化见表 2-7。结果表明，三种保护砂岩的平均质量变化值与空白砂岩相差非常小。其中，质量变化最大的是 POSS-PDMS 所保护的砂岩，它与空白砂岩的质量变化率相差 0.019%，而 POSS-APTS 和 POSS-AHAPTMS 两种材料保护砂岩的最大平均差分别为 0.011%、0.0092%。这是因为 PDMS 的表面能最低，因此 POSS-PDMS 的疏水性最好，导致 POSS-PDMS 更多地附着于砂岩表面，进而影响了保护砂岩的透气性。

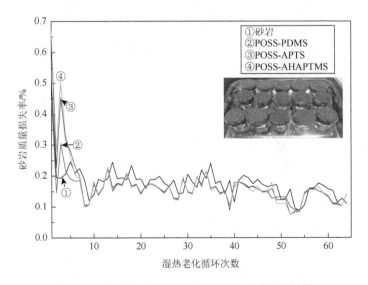

图 2-33 空白砂岩及三种保护砂岩的水蒸气透过性

表 2-7 透气性实验的平均质量变化率

	空白砂岩	POSS-PDMS	POSS-APTS	POSS-AHAPTMS
平均质量变化率/%	0.173	0.154	0.164	0.162
减少率/%	—	0.019	0.0092	0.011

为了进一步解释保护砂岩疏水性对三种保护材料的吸收率以及砂岩吸水率的影响，对三种保护砂岩表面进行了静态水接触角表征（如图 2-34 所示）。结果表明，POSS-PDMS 保护砂岩样品的接触角高达 130°，而纯 EP-POSS、POSS-APTS 和 POSS-AHAPTMS 三种材料保护砂岩样品的接触角相对较低，分别为 110°、116° 和 99°。对比纯 EP-POSS 和三种保护砂岩表面的接触角，这一现象与这四种材料涂层接触角变化趋势一致（以玻璃为基底的纯 EP-POSS、POSS-PDMS、POSS-APTS 和 POSS-AHAPTMS 四种涂层的表面接触角分别为 91°、106°、100° 和 85°）。以上结果说明这四种材料在砂岩表面的疏水性具有一定的差异并且 POSS-PDMS 的疏水性效果最好。这同样是因为 POSS-PDMS 体系中引入了 PDMS，提高了保护砂岩整体的疏水性能。而疏水性材料的渗透性与亲水材料有一定的差异，这也解释了砂岩对三种保护样品的吸收率相对较低以及保护砂岩吸水率低于空白砂岩。总体来说，三种材料的疏水性顺序依次为 POSS-PDMS、POSS-APTS、POSS-AHAPTMS，这一顺序也与未保护砂岩的透气性变化结果一致。

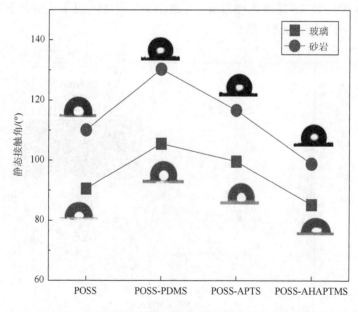

图 2-34 EP-POSS 和三种保护材料在玻璃与砂岩中的表面静态水接触角及其变化趋势

考虑到三种保护材料在砂岩上均具有一定的疏水性，采用滴渗的方法将保护材料渗入砂岩中，通过不同深度的接触角变化趋势评估其在砂岩中的渗透深度。如图 2-35 所示，经 POSS-PDMS 和 POSS-AHAPTMS 两种材料保护的砂岩在 3 cm 深度处的接触角相等，均为 136°，而经 POSS-APTS 材料保护砂岩在 3 cm 深度处的接触角为 141°。POSS-PDMS、POSS-APTS 和 POSS-AHAPTMS 所保护砂岩分别在 1 cm、4 cm 和 5 cm 深度处出现最大接触角，分别为 137°、149° 和 141°。总体来说，三种保护材料的渗透深度由高到低的顺序为 POSS-PDMS＜POSS-APTS＜POSS-AHAPTMS。POSS-PDMS 所保护砂岩的接触角随着渗透深度逐渐减小，而 POSS-APTS 和 POSS-AHAPTMS 所保护砂岩内部的接触角变化均呈先增大后减小的趋势，且在砂岩中间位置具有最大接触角，因此这两种保护材料的渗透深度为 4～5 cm。而 POSS-PDMS 的渗透深度较小，大概在 1 cm 左右。由于 PDMS 的分子量较大并具有低表面能，促使其渗透性降低。而 APTS 和 AHAPTMS 的分子量相当，因此 POSS-APTS 和 POSS-AHAPTMS 的渗透性也几乎一致。

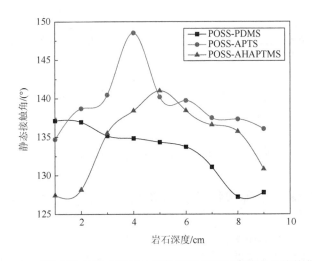

图 2-35　三种保护材料在砂岩内部的接触角随深度的变化趋势曲线

2.4.7　保护砂岩的孔隙结构分析

为了探究保护材料对砂岩内部孔道结构的影响，从而提高砂岩的内聚力，对保护前后的砂岩样品的孔径分布进行了表征测试。从图 2-36 可知，空白砂岩的孔径主要分布在 6～30 μm，而 POSS-PDMS、POSS-APTS 和 POSS-AHAPTMS 的孔径主要分布在 6～33 μm、6～33 μm 和 6～24 μm。POSS-PDMS 和 POSS-APTS 所保护的砂岩样品孔径分布与空白砂岩几乎一致，而 POSS-AHAPTMS 保护砂岩样品的孔径范围略小于空白砂岩样品的孔径。空白砂岩、POSS-PDMS、POSS-APTS

和 POSS-AHAPTMS 所保护砂岩的曲线极值分别为 17.30 μm、24.23 μm、21.36 μm 和 13.93 μm。这可能是由于 POSS-PDMS 的疏水性相对最强，具有相对最低的表面能，更多地倾向于在砂岩表面形成涂层保护层，因此对砂岩内部的孔隙填充并不充分。而 POSS-AHAPTMS 的疏水性在三种保护材料中最小，能相对更好地渗透到砂岩内部，并对孔隙进行相对充分的填充，尤其是相对较大的孔隙。这一结果也与三种保护材料的吸收量及三种保护砂岩样品的吸水率结果一致。

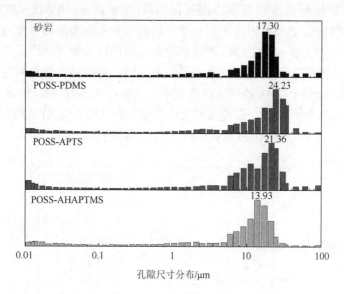

图 2-36　空白砂岩和三种保护砂岩的孔径分布

2.4.8　冻融老化对三种保护砂岩的影响

为了研究极端外部环境，包括温度、湿度、水和盐对砂岩破坏的影响，对保护前后的砂岩进行了冻融循环老化及耐盐湿热循环老化测试。根据图 2-37 所示的三种保护砂岩与空白砂岩冻融循环老化曲线，可以发现空白砂岩在经历约 27 个老化循环后就出现整体破损且质量减少的现象，而不同质量浓度的三种保护材料保护后的砂岩样品仍未有明显变化。一般来说，冻融影响因素包括保护材料的疏水性、结合性、强度以及渗透性等。砂岩整体结构呈软硬夹杂层状，冻融破坏从砂岩层间开始。因为层间较松软，土质含量多，黏土等成分容易溶胀流失，未保护条件下砂岩的破坏也是如此。层间破坏开始后，随着水结成冰的过程，体积会增大，会将砂岩孔隙撑开，使砂岩胶结质和黏土进一步流失，砂岩颗粒逐渐脱落。实验表明，砂岩在达到吸水饱和前质量会逐渐上升，而达到饱和状态后会逐渐出现损坏并且砂岩质量明显减少。如图 2-37（a）所示，经三种质量浓度为 5%

的保护材料所保护的砂岩均可进行 100 次以上的耐冻融循环而未出现明显的损坏和质量骤减。其中，经 POSS-APTS 所保护的砂岩的耐冻融效果相对最弱，在经历 104 次耐冻融老化循环后，砂岩开始出现局部裂缝和砂岩颗粒脱落，而经 POSS-PDMS 和 POSS-AHAPTMS 保护砂岩的耐冻融老化循环分别监测到 128 次和 133 次才出现局部砂岩颗粒剥落的现象。经对比，POSS-PDMS、POSS-APTS 和 POSS-AHAPTMS 三种保护砂岩的耐冻融老化循环的效果分别是空白砂岩（经历约 50 次循环后出现明显的砂岩颗粒的脱落以及质量骤减的现象）的 3.8 倍、4.7 倍和 4.9 倍，具体老化循环次数和砂岩老化后的形貌见表 2-8。

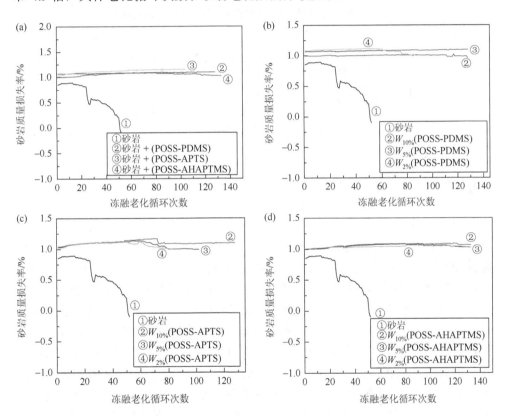

图 2-37　（a）空白砂岩和质量浓度为 5%时三种材料保护砂岩的冻融循环曲线图，（b）～（d）分别表示空白砂岩和 POSS-PDMS、POSS-APTS、POSS-AHAPTMS 所保护砂岩的冻融循环曲线图

　　进一步研究了不同质量浓度（分别为 10%、5%和 2%）的三种保护材料所保护砂岩的耐冻融老化效果。如图 2-37（b）～（d）所示，随着保护材料质量浓度的增大，保护砂岩的耐冻融循环的次数也逐渐增加。监测到 POSS-PDMS 的质量浓度为 2%、5%和 10%时，所保护砂岩的耐冻融循环次数分别为 88 次、128 次和 128 次。POSS-APTS 的质量浓度为 2%、5%和 10%时，所保护砂岩的耐冻融循环

次数分别为 83 次、102 次和 128 次。而在相同质量浓度下，经 POSS-AHAPTMS 所保护砂岩的耐冻融循环次数均高达 133 次以上。一般来说，耐冻融循环次数越多，耐冻融老化的效果越好。以上实验充分证明三种保护材料即使质量浓度低至 2%时，仍对砂岩具有较好的耐冻融老化的效果，并且质量浓度越高，保护砂岩的耐冻融效果也越好。同时，三种保护材料中 POSS-AHAPTMS 最有利于砂岩的耐冻融老化。这是由于 POSS-AHAPTMS 具有良好的渗透性以及和砂岩的结合性，最有助于提高砂岩的机械强度。

表 2-8 空白砂岩和保护砂岩前后冻融循环老化前后砂岩外观变化

冻融循环老化	空白砂岩	POSS-PDMS	POSS-APTS	POSS-AHAPTMS
循环开始状态				
老化状态	50	128	104	133

2.4.9 耐盐湿热老化对三种保护砂岩的影响

对保护砂岩的耐盐湿热老化测试主要分为两个部分，一部分采用滴渗法使用保护材料对砂岩进行渗透加固整体保护（以下统称为渗透加固法）；另一部分采用黏接加固法对砂岩进行保护。两种保护方法的耐盐湿热老化遵循同一种循环条件。如图 2-38 耐盐循环曲线所示，空白砂岩在经历 3 次老化循环后就出现质量骤减和砂岩样品整体破坏的现象。经 POSS-PDMS 所保护的砂岩在第 9 次老化循环后质量开始减少，并且伴随表面出现裂缝、少量的砂岩颗粒脱落的现象。在第 10 次老化后保护砂岩整体质量骤减且大量砂岩颗粒剥落，破坏逐渐严重。经 POSS-APTS 保护后的砂岩在第 25 次老化时开始出现破坏现象，在 28 次老化后破坏现象逐渐加重，保护砂岩开始局部粉末脱落且样品质量开始明显减小，至第 37 次老化后砂岩表层剥落，内层砂岩进入更快速的破坏阶段，外观形状破坏严重。经 POSS-AHAPTMS 保护后的砂岩则在经历 60 次老化循环后才开始出现轻微的表层砂岩剥落现象，68 次老化后表层砂岩颗粒脱落的速度逐渐增加，但整体外观变化不大，在 75 次老化后砂岩整体大小明显变小，但样品整体形状完整，未出现脱壳、裂缝、断裂的破坏现象。以上结果表明，渗透加固时，经 POSS-PDMS 所保护的砂岩在三种保护砂岩中最先破坏，POSS-APTS 的保护效果稍佳，而 POSS-AHAPTMS 材料保护砂岩效果最好。这证明三种材料保护后的砂岩与空白砂岩相比，耐盐湿热老化的效果有了不同程度的提高。

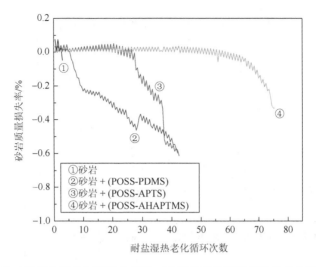

图 2-38　空白砂岩和渗透加固法获得的三种保护砂岩的耐盐湿热老化循环曲线图

黏接保护砂岩的耐盐湿热老化效果如图 2-39 所示。同样地，在三种保护砂岩中，POSS-PDMS 材料保护的砂岩样品从第 4 次循环开始最先破坏，而经 POSS-APTS 和 POSS-AHAPTMS 保护的砂岩都在第 6 次循环开始出现破坏现象。三种砂岩均从砂岩未保护部分出现表面砂岩颗粒剥落且质量骤减的破坏现象。不同的是，POSS-PDMS 保护砂岩样品在 12 个循环时几乎被全部破坏，而 POSS-APTS 和 POSS-AHAPTMS 两种材料保护的砂岩样品均在 20 个循环左右才出现第二次质量的骤减，即逐渐从砂岩的保护部分发生破坏。三种保护砂岩的破坏均发生在上下

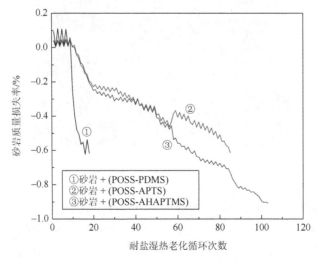

图 2-39　黏接加固法获得的三种保护砂岩的耐盐湿热老化曲线图

面未保护部分而非保护与未保护的边界。从老化循环曲线来看，POSS-AHAPTMS 保护砂岩的耐老化效果最好。一般来说，砂岩内部的盐会随着液态水在砂岩内外转移。而对于传统的疏水材料来说，其在砂岩内部的渗透分布会随着深度的增加而逐渐减少，因此砂岩内部的水和盐的运输由内而外越来越少。砂岩本身具有亲水性，砂岩内部水和盐向外运输在亲疏水界面处结晶，必然产生较强的压力，所以疏水材料保护后的砂岩破坏往往发生在亲疏水界面处。然而以上三种保护材料黏接加固保护后的砂岩经过耐盐湿热老化产生的破坏首先发生于砂岩上下未保护的部分，这种现象表明三种保护材料不会对砂岩产生保护性破坏，并且黏接保护后不会加速砂岩本身的老化，甚至能起到延缓老化的效果。

2.4.10　三种保护材料对砂岩的黏接性能与黏接机理

为了研究三种保护材料对砂岩粉末的黏接效果，对砂岩粉末和砂岩样品进行了黏接加固。如图 2-40 所示，经三种保护材料所黏接的砂岩模型均具有较好的整体性并且基本未观察到有砂岩粉末剥落的现象。这说明三种保护材料对砂岩粉末具有较好的黏接性，从侧面也说明了这三种保护材料均可以提高砂岩的内聚力和强度。

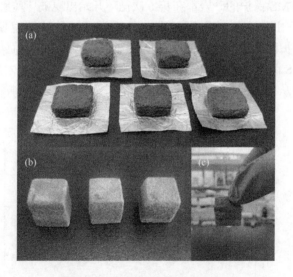

图 2-40　砂岩粉末黏接操作流程图

为了进一步验证三种保护材料对砂岩的黏接性，采用黏接加固法将两个石块通过保护材料和砂岩粉末混合物进行黏接，考察三种保护材料对砂岩的黏接效果。实验表明，三种保护砂岩均能自然悬挂而不断裂，但 POSS-PDMS 以及 POSS-APTS 两种材料保护砂岩的黏接效果相对较差，大约承重 1 kg 后就从黏接面处发生断裂。

而 POSS-AHAPTMS 保护砂岩的黏接效果在三种保护材料中最好，最高可承重 13 kg
才于黏接面处发生断裂，其承重能力在三种保护砂岩中最强（图 2-41）。以上现象证
明三种保护材料对砂岩均具有一定的黏接效果，并且 POSS-AHAPTMS 对砂岩的黏
接效果最好，这也从侧面说明了其与砂岩的结合性最好。

图 2-41　POSS-AHAPTMS 黏接砂岩承重变化图

　　经过以上的结果分析可知，制备的三种保护材料均主要通过开环反应生成的
强极性氢键作用与砂岩相结合。三种材料同时通过进一步的交联反应形成"刚柔
结合"的杂化材料，这种材料凭借自身的刚性结构可赋予砂岩高强度和硬度，而
柔性链段又可以提供杂化材料的灵活性和柔韧性，进而减弱因硬度过高而形成的
脆裂。具体的黏接作用效果如图 2-42 所示。此外，POSS-APTS 和 POSS-AHAPTMS
两种材料还可以通过侧端的硅氧烷基团的水解缩合所形成的硅羟基基团与砂岩中

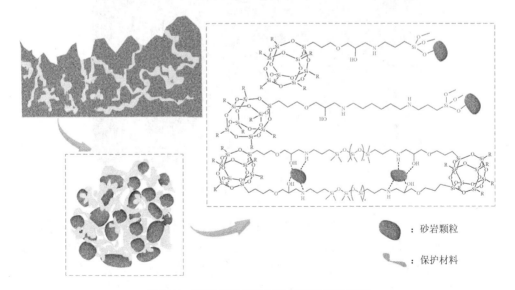

图 2-42　三种保护材料与砂岩的黏接示意图

的硅羟基进行化学键合。同时，硅氧烷结构可以在砂岩内部和表面形成硅烷网络结构，以此进一步提高砂岩的整体机械强度。

2.4.11　三种保护材料现场应用及对比分析

为了评估三种保护材料的真实保护效果，分别在半干旱地区具有代表性的彬县大佛寺石窟进行了实验验证。如图 2-43 所示，在彬县大佛寺石窟中选取具有代表性的风化区域进行不同材料的保护工作，每种材料选取两个相近区域进行保护。

图 2-43　陕西彬县大佛寺三种材料保护区域

通过图 2-44 中彬县大佛寺佛像经三种材料保护前后的外观对比，可以看到保护后佛像整体色度与保护前相比基本无差别。通过对比保护前后佛像的机械强度发现，保护后的佛像四周暴露区域的砂岩粉末黏接效果较好，佛像正面基本不掉粉，侧边及边角处略掉粉，但整体效果均增强。整体硬度有所提高。

保护前　　　　　　　　　　保护后

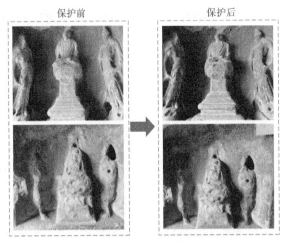

图 2-44　陕西彬县大佛寺三种材料保护前后对比图

为了进一步验证保护材料对砂岩的内聚力和强度的改善，采用超声检测仪对保护前后的区域进行了超声波速检测，具体操作如图 2-45 所示。结合表 2-9 保护前后的超声波速及其变化率可知，POSS-PDMS、POSS-APTS 和 POSS-AHAPTMS 保护砂岩的超声波速相比于保护前波速分别提高了 15.6%、9.2% 和 27.05%，说明三种材料都在一定程度上提高了保护区域砂岩基体内部的结构密实程度，从而证明三种材料都不同程度地提高了砂岩的内聚力，对砂岩起到了加固的效果。

图 2-45　陕西彬县大佛寺保护前后超声测量过程图

表 2-9　经三种材料保护前后砂岩文物的超声波速及其变化率

所用保护材料	保护前 V_1	保护后 V_2	超声波速变化率
POSS-PDMS	8.47	9.79	15.6%
POSS-APTS	12.5	14.38	9.2%
POSS-AHAPTMS	13.07	16.67	27.05%

　　由于三种保护材料均具有一定的疏水性，为了判断它们对砂岩文物吸水性的影响，在保护前后利用卡斯通管对保护区域进行吸水性检测。如图 2-46 所示，以 POSS-APTS 保护前后的区域为测试代表，结果表明保护前后的区域吸水系数分别为 0.12 g/(cm^2·s$^{1/2}$)、0.072 g/(cm^2·s$^{1/2}$)。相比于保护前，保护后的砂岩文物的吸水速率降低了 40%。这表明疏水材料的应用会导致砂岩文物的吸水速率降低。

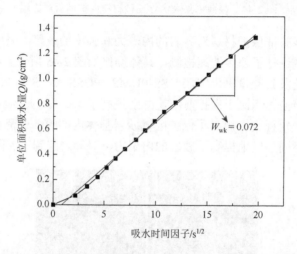

图 2-46　陕西彬县大佛寺保护后区域表面毛细吸收曲线图

2.4.12　小结

　　本节通过三种保护材料进行了砂岩样品的保护并对保护砂岩经过一系列结构、热学、力学、外观颜色、表面形貌、吸水性、渗透性和耐老化性等性能进行了评估，具体结果小结如下所述

　　（1）证明了三种 SiO$_2$ 增强柔性硅氧烷杂化材料成功地与砂岩相结合。POSS-PDMS 主要与胶结质富集在砂岩缝隙中，而 POSS-APTS 和 POSS-AHAPTMS 则均匀地分布于砂岩颗粒表面。POSS-PDMS、POSS-APTS 以及 POSS-AHAPTMS 三种保护砂岩的吸水率和空白砂岩相比分别减少了 9.46%、31.68%和 67.5%。这说明硅氧烷柔韧链段越长，形成的硅烷网络越密集，越不利于砂岩对水的吸

收和水蒸气在砂岩内部的运输。对比不同三种保护砂岩的色度，POSS-PDMS、POSS-APTS 和 POSS-AHAPTMS 处理后砂岩表面的 ΔE^* 分别为 1.10、2.91、2.14，均低于人眼感知的颜色变化值（$\Delta E^* < 3$），不影响文物外观颜色。三种保护材料在砂岩表面的疏水性、吸水率、水蒸气透过性、孔径分布均呈 POSS-PDMS > POSS-APTS > POSS-AHAPTMS 的趋势。

（2）POSS-PDMS、POSS-APTS 和 POSS-AHAPTMS 三种保护材料均对砂岩颗粒和胶结质粉末具有较好的黏接效果，说明三者都可以提高砂岩的机械强度。同时，经 POSS-AHAPTMS 黏接的两块砂岩样品的承重力可高达 13 kg，这也证明了 POSS-AHAPTMS 对砂岩的强黏接性和兼容性。

（3）经 POSS-PDMS、POSS-APTS 和 POSS-AHAPTMS 保护后的砂岩耐冻融老化循环次数分别达到了 104 次、128 次和 133 次，均大于空白砂岩（27 次）。空白砂岩和三种保护材料经渗透加固法保护砂岩的耐盐老化循环次数表现出空白砂岩（3 次）< POSS-PDMS（5 次）< POSS-APTS（25 次）< POSS-AHAPTMS（60 次）的顺序，经黏接加固法保护砂岩的耐盐湿热老化效果的顺序为 POSS-PDMS（4 次）< POSS-APTS（6 次）= POSS-AHAPTMS（6 次）。总体来说，三种保护材料相比于空白砂岩耐老化效果有了不同程度的明显提高。

（4）经实际应用和评估，POSS-AHAPTMS 在三种 SiO_2 增强柔性硅氧烷杂化材料中针对陕西彬县大佛寺砂岩样品的防护表现出最优保护效果。

第3章　水凝胶保护材料的设计与其性能研究

3.1　引　　言

水凝胶是指具有以三维交联网络为特征的聚合物链的胶体结构，即由非共价键或共价键形成的三维网络结构的高分子材料，如静电相互作用、氢键和共价键化学交联。水凝胶聚合物网络含有大量的水，使其能够保持特殊半固态材料的形状。由于亲水性的聚合物交联网络和水渗透作用，水凝胶的行为既像固体也像流体。由于其交联的聚合物网络，水凝胶同时拥有了弹性固体的变形性和柔软性。另一方面，由于水凝胶的高含水量，水凝胶兼备液体的对化学和生物分子的渗透性能，以及优异的光学透明度。此外，由于呈现固体性能的聚合物网络和赋予液体性能的水分的结合，使得水凝胶还具有其他的特性，如溶胀和响应性。水凝胶优良的生物相容性、拉伸性、黏弹性、独特的力学性能和响应性能（如 pH 敏感、温度敏感、电敏感和光敏感）为它带来了广泛的应用前景。目前，水凝胶在细胞或组织培养、组织工程、伤口敷料等生物医学领域得到了广泛的研究。此外，水凝胶也在传感器、致动器、光学、涂层和收水器方面显示出巨大的应用潜力。

多年来，合成聚合物水凝胶一直备受关注，因为与天然聚合物水凝胶相比，合成聚合物水凝胶具有更加优越的性能。合成聚合物水凝胶寿命长，吸水能力强，并可根据其功能定制结构，从而提高其机械性能。水凝胶可以由来源于天然或者合成的水溶性线型聚合物以多种方式交联获得，如利用化学反应连接聚合物链，通过电离辐射作用产生可以重组为交联结构的主链自由基，或利用物理相互作用（纠缠、静电和结晶等）形成。此外，也可以通过接枝聚合、交联聚合、溶液聚合、辐射交联等方法得到。在众多的材料中，纳米黏土因其优异的结构特点和性能，成为水凝胶改性的常用材料。纳米黏土可作为水凝胶网络形成的物理交联剂，与纳米黏土间的静电相互作用可能有助于水凝胶的自愈性和黏合性能，也可用于改善水凝胶的透明度、微观结构定向排列和环境适应性等。

黏土的主要成分是水合铝硅酸盐，它是目前储存量最丰富的天然矿产和廉价的无机填料材料之一。广义上定义为构成土壤、沉积物、岩石和水的胶体部分的矿物，主要为细粒黏土矿物和其他黏土矿物（如石英、碳酸盐和金属氧化物）的大晶体的混合物。天然黏土矿物一般包括蒙脱石（MMT）、海泡石、皂石、托帕石、蛭石（VMT）、沸石、高岭石（KLN）、绿泥石，主要以含水层状硅酸铝与铁、镁、碱金属和其他阳离子的形式一起存在。黏土表面发生的化学作用使它们在吸附过程中具有很高的灵活性。黏土的表面化学涉及影响黏土矿物物理化学性质的表面结构、离子交换能力、比表面积、机械化学稳定性、持水能力和反应性。黏土矿物的性能主要取决于其固有性质，如表面积、孔隙度、pH 值、表面修饰等。改性黏土因其优异的结构特点和性能，成为水凝胶改性的常用材料。

　　膨润土是一种以蒙脱土为主要组成成分的铝层状硅酸盐黏土，属于蒙皂石族。膨润土是地球上储量丰富的一种天然矿产资源，是炭黑（CB）、碳纳米管（CNT）、碳纳米点（CND）等石油基橡胶增强剂的绿色替代品。膨润土具有无毒、环保、经济、热稳定性好、比表面积大、有效利用度高等特点，使其成为最重要的工业用黏土之一，被广泛应用于不同的现代产品和生产流程中，如药品、美容护理产品等，用于改变产品的流变性和控制结构框架的稳定性。膨润土的广泛应用一方面可归因于其优异的物理性质和合成性质，如粒径小、孔隙率高、比表面积大、阳离子交换容量大等；另一方面是因为其结构中含有天然介孔。此外，膨润土具有可塑性、不透水性和高黏性，可悬浮于水中。该多孔黏土矿物由两个硅四面体薄片和一个氧化铝八面体薄片组成。由于其 2∶1 的层状结构，可以在膨胀的同时保持其二维晶体完整性，通常用公式 $R_x(H_2O)_4\{(Al_{2-x}, Mg_x)[(Si, Al)_4O_{10}](OH)_2\}$ 表示，其中 R 是可交换的阳离子。这种层状结构具有可交换性的阳离子，如 Mg^{2+}、Na^+、K^+ 和 Al^{3+}。膨润土结构中，硅氧四面体中的 Si^{4+} 容易被 Al^{3+} 替代，而铝氧八面体中的 Al^{3+} 容易被 Mg^{2+} 等代替，因此其晶体带永久负电荷。由于膨润土层内存在空位点，具有较高的吸附能力，因此经常被用作吸附剂，以除去水中的离子，起到净水作用。

　　天然黏土的晶体结构和自身的永久负电性限制了其工业应用。膨润土作为黏土的一个分支，也受黏土材料自身特性的限制。因此，研究人员期望通过对膨润土进行活化、改性等措施改善膨润土层间阳离子容易水合、层间距小而导致孔隙阻塞、阳离子交换容量无法被充分利用以及悬浮性较强无法被分离回收的问题，拓宽其应用范围，使其成为理想的应用材料。膨润土主要采用以下几种方法进行改性：酸活化、热活化、有机改性、无机改性、有机-无机改性等。

　　基于水凝胶特有的基体适应性、保水性、黏接性和透气性，如果将黏土改性后引入水凝胶体系，构筑一种新型黏土基水凝胶材料，在保持水凝胶原有特性的基础上，抑制传统凝胶带来的溶胀破坏，真正实现其对砂岩的高效加固和黏接保护，将具有十分重大的应用前景。黏土基水凝胶前驱体可以根据砂岩空隙的分布，渗入并原位成型；黏土的引入，在大大提高与砂岩质基体兼容性的同时，化学交联后，框架结构定型，打破了传统水凝胶吸水溶胀的特点，大大降低其吸水溶胀带来的破坏性；黏土基凝胶体系在砂岩内部原位形成，黏土中的成分与砂岩相似，因而渗入砂岩后与砂岩本身展现了极好的兼容性，并产生胶结作用，填充砂岩孔隙，对砂岩起到加固作用。此外，水凝胶自身与砂岩基体间强氢键作用、配位作用和强机械咬合作用，在提高保护材料内聚力的同时，增强了对砂岩的加固和黏接。

　　本章针对硅酸盐材质的砂岩基石窟文物风化病害特征及病害形成机理，以实现砂岩基文物表面保护、原位加强和黏接保护为关键科学问题，开展了系列水凝胶保护研究工作。内容分为两个方面，一方面是可用于砂岩质文物渗透加固保护的膨润土基水凝胶（SR）的原位制备、性能调控和砂岩渗透加固保护应用研究：通过控制室温下的时间和状态，设计并制备了新型膨润土基水凝胶材料——膨润土基水凝胶渗透加固型保护材料（SR）和渗透加固型膨润土基防冻水凝胶（AF）体系。水凝胶表面呈现孔状结构。采用渗透法、浸泡法和喷涂等方式，实现了膨润土基水凝胶在砂岩内部的原位形成：膨润土基水凝胶渗入到砂岩的孔隙和砂岩中胶结质流失的部位，在氢键和共价键的驱动下原位形成水凝胶。深入评价了 SR 和 AF 保护前后砂岩的颜色、透气性和吸水率的变化。采用荧光示踪剂研究了砂岩内水凝胶的分布。使用多种分析方法进一步评估了砂岩内的水凝胶相互作用机制。最后，评估了 SR 和 AF 对砂岩的盐结晶、耐酸性和冻融循环的保护作用。另一方面，可用于砂岩质文物断裂黏接保护的膨润土基水凝胶黏接型保护材料（AR）可控制备、性能调控和砂岩黏接修复研究：通过将改性膨润土引入水凝胶体系，设计并成功构筑了一种黏接保护型膨润土基水凝胶。研究了 AR 的化学结构、形貌、元素分布和性能等，深入评价了 AR 保护前后砂岩的颜色、透气性和吸水率的变化，评估了水凝胶黏接砂岩的作用机制。最后，评估了 AR 对砂岩黏接效果的盐结晶、耐酸性和冻融循环的保护作用。

3.2　膨润土基水凝胶渗透加固型保护材料（SR）的设计思路与性能研究

3.2.1　SR 的设计思路

　　本节以开发一种渗透并加固的砂岩保护材料为研究目的，设计了原位渗透加固型膨润土基水凝胶（SR）体系。膨润土的结构是由两个硅氧四面体夹一层铝氧八面体组成的 2∶1 型晶体结构，表面存在羟基和硅氧结构，易于发生反应引进新的活性官能团。此外，对膨润土进行改性后可以增大膨润土的层间距，改善其分散性和兼容性。水凝胶是一种由三维聚合物网络和填充网络间隙的水组成的功能性软材料，通常呈现为果冻状的具有弹性的固体。由于水凝胶本身具有强结合、高柔韧性、机械强度可控性、良好的载水性和保水性能以及极好的透气性的特点，近年来受到研究人员的广泛关注。然而，传统的水凝胶通常由亲水性聚合物单网状组成，内部有大量羟基或氨基，因而具有强吸水作用，容易出现吸水膨胀。我们将改性膨润土引入水凝胶体系，构筑一种能够在砂岩内部原位形成的新型膨润土基水凝胶材料,在保持水凝胶原有特性的基础上,有效抑制传统凝胶带来的溶胀破坏,利用水凝胶特有的基体适应性、保水性、黏接性和透气性等优势,真正实现其对砂岩的高效加固保护。

首先采用乙烯基三甲氧基硅烷(VTMO)对膨润土进行改性,然后通过控制组分比例、温度和反应时间等因素,将改性后的膨润土(B-VTMO)引入凝胶反应前驱体体系,将前驱体溶液渗入砂岩内部,并原位形成加固型膨润土基水凝胶(SR)。在 SR 基础上,通过往溶剂中引入适量的丙三醇,原位合成了防冻/加固型膨润土基水凝胶(AF)。通过红外光谱(IR)、热重分析(TG)、X 射线光电子能谱(XPS)、X 射线衍射仪(XRD)和扫描电镜(SEM)研究了水凝胶的结构和形貌;对砂岩进行原位保护后,通过 X 射线光电子能谱、傅里叶红外光谱(FTIR)、热重分析和扫描电镜研究了水凝胶与砂岩的结合方式、热稳定性能以及表面形貌的变化,通过色度、透气性、吸水性研究了保护性材料对砂岩自身形貌和性能的影响,通过耐酸度老化、冻融老化循环以及盐结晶湿热老化循环研究了水凝胶材料的保护效果。

3.2.2　SR 结构调控

1)改性膨润土(B-VTMO)合成

依据文献[①]报道的方法,将 2.0 g 膨润土(BT)分散在 160 mL 的去离子水(H_2O)中,并加入 40 mL 甲醇和 7.7 mL 氨水($NH_3 \cdot H_2O$, 0.2 mol),室温下连续搅拌 1 h,再向混合溶液中加入 2.0 g 乙烯基三甲氧基硅烷(VTMO),在 70℃的条件下持续搅拌反应 24 h。反应结束后,所得的产物在 10000 r/min 条件下离心 10 min,收集沉淀物,并用异丙醇洗涤 3 次,最后将产物放入真空干燥箱常温干燥 48 h,产物即为双键改性的膨润土,命名为 B-VTMO。B-VTMO 的合成路线如图 3-1 所示。

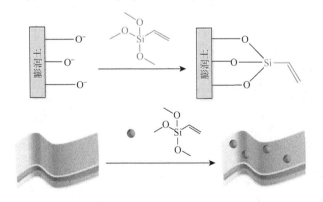

图 3-1　B-VTMO 合成路线

① Kumar S,Mandal A,Guria C. Process Saf Environ Prot,2016,102:214-228

2）渗透加固型膨润土基水凝胶（SR）的原位合成

首先，将丙烯酰胺（AM）和上述合成的 B-VTMO 加入到装有去离子水的烧瓶中，在室温下持续搅拌 1 h，使 B-VTMO 完全分散在 H_2O 中；然后向分散液中加入 N, N-亚甲基双丙烯酰胺（MBAA）、过硫酸钾（KPS），在室温条件下持续搅拌反应 1 h，得到凝胶前驱体溶液。凝胶前驱体溶液随时间可在室温下自然放置成凝胶，此凝胶即为渗透加固型膨润土基水凝胶材料。渗透加固型膨润土基水凝胶的原位合成路线如图 3-2 所示，示意图如图 3-3 所示。反应过程中通过改变反应物含量、控制凝胶行程时间和凝胶状态进行凝胶体系的优化，如表 3-1 所示。预处理时间越长，凝胶生成时间越短，凝胶网络越坚固；AM 的用量越高，凝胶生成时间越短，凝胶网络越坚固，大批量制备时容易在预处理过程中形成凝胶；MBAA 的含量增大，室温形成凝胶时间越短，凝胶网络越坚固；B-VTMO 的含量越高，凝胶过程的相分离现象越严重，无法形成均匀透明的凝胶。凝胶最终是在砂岩内原位形成，因而，期望凝胶能够在 7 h 内迅速形成，过快会造成爆聚，不利于凝胶的连续性和强度。同时需要考虑到温度对凝胶时间的影响，温度越高凝

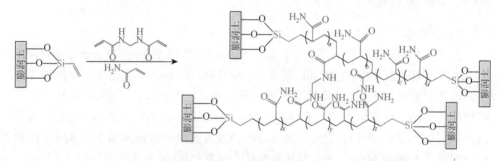

图 3-2　渗透加固型膨润土基水凝胶（SR）的原位合成路线

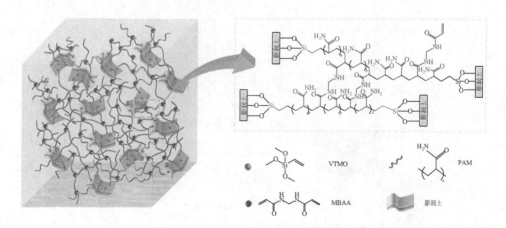

图 3-3　渗透加固型膨润土基水凝胶（SR）的原位合成示意图

胶速度越快。此外,凝胶硬度过大,会造成对砂岩内力过强,使得砂岩从内部胀裂;凝胶太软,会使得其强度不够,影响最终的保护效果。最终确定的配方比例为样品 1 的配方。

表 3-1　膨润土基水凝胶(SR)合成配方

影响因素	样品(SR)	AM/g	B-VTMO/g	MBAA/g	KPS/g	H₂O/mL	预处理时间/h	室温/℃	凝胶时间/h	凝胶状态
预处理时间	1						1		6.5	黏弹态适中
	2		0.01				2		5.5	
	3						3		5.5	
B-VTMO含量	4	1	0				1		7+	相分离,浑浊
	5		0.03				1		6+	
	6		0.05	0.01	0.3	10	1	12	5+	
AM含量	7	0					1		6.5	非凝胶状态
	8	1.5					1		4	凝胶态
	9	2	0.01				1		3	凝胶态
MBAA	10	1		0.005			1		<3	硬度偏大

3.2.3　SR 的载水、保水性和抗溶胀性能调控

为了评估所制备的加固型膨润土基水凝胶(SR)具有类似其他水凝胶的性能,对 SR 水凝胶成型后的拉伸性能、自愈合性能以及室温下的保水性和载水性能(图 3-4)进行了研究。拉伸性能是通过对成型后的 SR 水凝胶进行拉伸。SR 水凝胶可以拉伸至自身原本长度的 10 倍以上,并且,拉伸过后的 SR 水凝胶可以在很短时间内回弹到原来的形状,拉伸效果及回弹效果如图 3-4(a)所示。SR 水凝胶的自愈合性能是通过将成型后的 SR 水凝胶进行切割,然后将切割后的 SR 水凝胶重新黏合在一起,观察其黏合效果,如图 3-4(b)所示。完全切断的 SR 水凝胶可以在短时间内迅速黏合在一起,从而实现自愈合。SR 水凝胶的载水性和保水性是通过室温放置失重实验测得 [图 3-4(c)],具体实验过程是:将成型的 SR 水凝胶在自然条件下放置,并每隔 24 h 记录 SR 水凝胶的剩余质量。SR 水凝胶在第 8 天质量达到平衡,剩余质量为 20%左右。这表明 SR 水凝胶具有良好的载水性和保水性能,含水量在 80%左右,并且 SR 水凝胶的失水量与空气湿度有关,可以根据空气湿度调节自身的含水量。

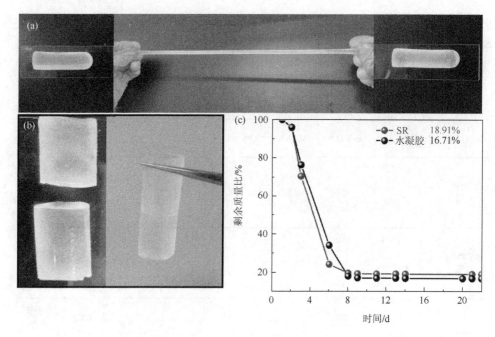

图 3-4　渗透加固保护型膨润土基水凝胶（SR）的拉伸-复原性能（a）、自愈合性能（b）以及
室温条件下载水性和保水性能（c）

3.2.4　SR 的化学结构表征

通过 XPS 和 FTIR 对膨润土、改性膨润土和渗透加固保护型膨润土基水凝胶（SR）的化学结构进行表征。XPS［图 3-5（a）］结果表明，膨润土中特有的 Mg、K、Ca 等金属元素的特征峰在 B-VTMO 和 SR 水凝胶中出现明显的减弱甚至消失。这表明，在 B-VTMO 的改性和 SR 水凝胶的合成过程中，膨润土的片层结构打开，层间距增大，层间阳离子溶出，也说明对膨润土的改性不仅停留在膨润土片层结构的表面，可能还会随着膨润土层间域的增大，出现插层改性。在高分辨 XPS 谱图中［图 3-5（b）］，与膨润土相比，B-VTMO 和 SR 水凝胶的 Si 2p 特征峰发生显著的偏移，表明硅元素的化学环境发生了变化，这是由于双键硅烷偶联剂改性后，出现了与膨润土中硅元素不同的硅烷偶联剂中的硅组分。SR 水凝胶的 XPS 谱图中［图 3-5（a）］出现了明显的 N 1s 特征峰，进一步表明了膨润土基水凝胶的成功合成。此外，通过 FTIR 分析了 SR 水凝胶合成过程中红外特征峰的变化，如图 3-5（c）所示。与膨润土相比，B-VTMO 在 1680 cm^{-1} 处出现了 C＝C 的伸缩振动峰，表明双键硅烷偶联剂成功对膨润土进行了改性。SR 水凝胶的 FTIR 光谱中，在 1722 cm^{-1} 和 3585 cm^{-1} 左右出现了分别归属于 C＝O 的伸缩振动峰和—NH$_2$/—OH 的伸缩振动峰，1000 cm^{-1} 左右的 Si—O—Si 的特征峰出现了明显的偏移。XPS 和

FTIR 结果证明了 SR 水凝胶的成功制备。此外，BT 和 SR 水凝胶的热失重曲线结果如图 3-5（d）所示。200℃之前所对应的质量损失对应于空气中物理吸收的水分影响，因此计算过程中，把 200℃时所对应样品的质量定为初始值，分别为 98.07%和 90.14%。通过计算可得，BT 和 SR 水凝胶的质量损失分别为 30.14%和 60.56%，表明了水凝胶中的比例含量。

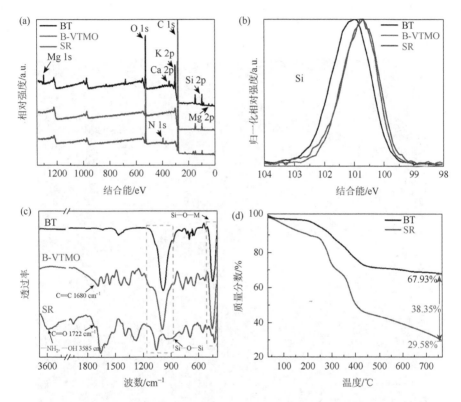

图 3-5　膨润土（BT）、改性膨润土（B-VTMO）及原位渗透加固保护型膨润土基水凝胶（SR）
的 XPS 全谱图（a）、高分辨率 Si 2p 图（b）、FTIR 图（c）和 TG 曲线（d）

3.2.5　SR 的形貌和组成分析

改性膨润土（B-VTMO）的片层结构可以为水凝胶网络提供充足的结合位点，形成化学交联，更好地形成固定的水凝胶框架结构；同时由于膨润土强大的片层结构，在反应过程中，能够更多地消耗水凝胶网络结构中的垂悬双键结构，有效阻止水凝胶中微凝胶的形成，使水凝胶更加均匀。双键改性膨润土（B-VTMO）和膨润土基水凝胶（SR）的形貌和结构可利用光学显微镜和 SEM 来进行表征。SEM 和 Mapping 结果表明，膨润土具有片层结构，且主要元素组成为 Si、C、O

和 N［图 3-6（a）～（e）］。膨润土在改性之后，依旧保持原有的片层结构和化学组成［图 3-6（f）～（j）］。图 3-6（k）～（p）是经干燥后的膨润土基水凝胶（SR）的形貌和元素分布图。干燥的 SR 水凝胶表面比较平整光滑，并且有大量孔状结构，这是由水凝胶在干燥过程中水分蒸发造成的，这种多孔结构也使得水凝胶具有良好的透气性。此外，SEM-EDS 能谱对 SR 水凝胶表面的元素组成和分布进行了表征，能够清晰地检测到 Si、C、O、N 等主要元素的存在，并且各种元素分布均匀，其中 Si 元素的均匀分布也表明膨润土在水凝胶体系中分散均匀，没有出现团聚现象。

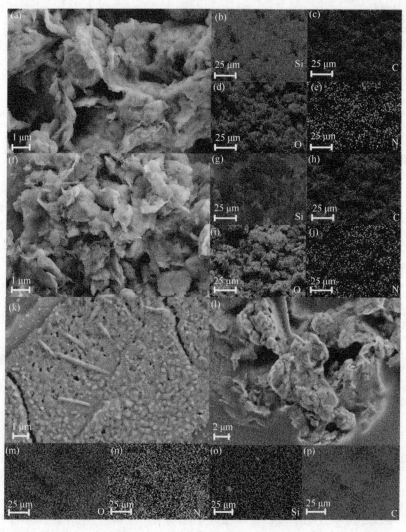

图 3-6　膨润土（a～e）、改性膨润土（f～j）及膨润土基水凝胶（k～p）的表面形貌和
元素组成分布

3.2.6 小结

本小节通过将改性膨润土引入到水凝胶体系，成功构筑了一种能够在砂岩内部原位形成的新型膨润土基水凝胶材料——渗透加固型膨润土基水凝胶（SR）体系。通过 FTIR、TG、XPS 和 SEM-EDS 研究了膨润土基水凝胶的化学结构、表面形貌、元素组成和自身性能（拉伸、自愈合、载水性和保水性等）。通过控制组分比例、温度和反应时间等因素，成功实现了膨润土基水凝胶的原位制备，且制备的渗透加固型膨润土基水凝胶（SR）具有极好的自愈合性能、拉伸性能以及良好的载水性和保水性。干燥的 SR 水凝胶表面比较平整光滑，并且有大量孔状结构，膨润土在水凝胶体系中分散均匀，没有出现团聚现象。

3.3 膨润土基水凝胶渗透加固型保护材料（SR）保护砂岩的应用研究

3.3.1 SR 对砂岩的原位保护过程

本研究中使用的砂岩样品与第 2 章相同，砂岩样品来自陕西彬县大佛寺石窟。砂岩样品的预处理，具体操作流程为：将切割好的砂岩样品用去离子水冲洗干净，在真空干燥箱中干燥至恒重，存储于干燥器中。

砂岩样品的原位保护，具体操作流程为（图 3-7）：将膨润土基水凝胶的前驱体溶液用滴管滴到砂岩表面（滴液渗透），或将砂岩浸泡于前驱体溶液中（浸泡渗透），或将前驱体溶液通过喷壶喷洒到砂岩表面，使其自然下渗到砂岩孔隙结构中，确保整块砂岩的孔隙结构都得到有效的渗入，前驱体溶液根据砂岩孔隙的存在，自适应地原位形成凝胶，进而实现渗透加固保护的效果。最后，将制备好的砂岩样品在室温下自然干燥。

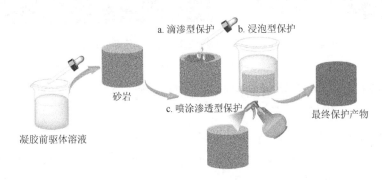

图 3-7 渗透加固型膨润土基水凝胶原位保护砂岩方法示意图

图 3-8 为渗透加固型膨润土基水凝胶（SR）原位渗透保护过程的示意图。在保护过程中，采用渗透法、浸泡法和喷涂等方式对砂岩进行保护。SR 水凝胶前驱体溶液渗入到砂岩的孔隙和砂岩中胶结质流失的部位，在氢键和共价键的驱动下原位形成水凝胶。图 3-9 展示了砂岩经 SR 水凝胶原位渗透加固保护和传统水凝胶对砂岩进行渗透加固保护后的图片。SR 水凝胶保护后的砂岩表观形貌并无明显变化，但是传统水凝胶在砂岩孔隙中成型后，对砂岩孔隙内壁具有很强的膨胀力，容易导致砂岩从内部被撑破，对砂岩造成更加严重的二次破坏。结果也进一步表明，膨润土基水凝胶克服了传统凝胶的溶胀性能，真正实现了抗膨胀保护。

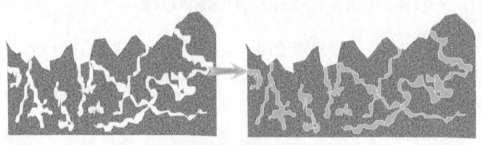

膨润土基水凝胶渗入砂岩内部原位形成

图 3-8　渗透加固保护型膨润土基水凝胶（SR）的原位渗透保护过程

图 3-9　渗透加固保护型膨润土基水凝胶（SR）（a）与传统水凝胶（b）保护效果对比

3.3.2　保护砂岩的保护前后形貌和色度变化

图 3-10（a）为 SR 水凝胶保护前后砂岩的色度差，砂岩经 SR 水凝胶原位保护后的 ΔE 为 2.78，小于 3，表明保护前后砂岩色度差别不大，SR 水凝胶保护材料对砂岩的外观形貌几乎没有影响。

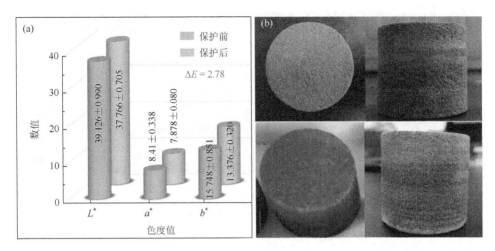

图 3-10 渗透加固保护型膨润土基水凝胶（SR）保护后的砂岩的色度

3.3.3 保护砂岩的 SEM 与元素组成分析

通过 SEM-EDS 对 SR 水凝胶保护后的砂岩表面形貌和表面元素分布进行表征，如图 3-11 所示。作为对照，未经保护的砂岩［图 3-11（a）～（e）］表面具有很高颗粒感和明显的砂粉质现象；经过渗透加固型膨润土基水凝胶（SR）原位渗透加固保护后［图 3-11（f）～（j）］的砂岩样品砂粉质现象明显减弱，颗粒表面较为平滑。这是由于在砂岩孔隙中原位形成的 SR 水凝胶干燥之后在砂岩颗粒表面附着一层均匀的水凝胶膜。此外，SEM 图像表明，SR 水凝胶只是覆盖在砂岩颗粒表面，并未对砂岩孔隙造成阻塞。SEM-EDS 能谱对空白砂岩和经 SR 水凝胶保护过后的砂岩的表面元素分布进行了分析。在两种样品中均检测到了均匀分布的 C、Si 和 O 三种元素，而在 SR 水凝胶保护过后的砂岩中还检测到了水凝胶中特有的 N 元素，且也均匀地分布在砂岩颗粒表面。这表明 SR 水凝胶均匀覆盖在砂岩颗粒表面。

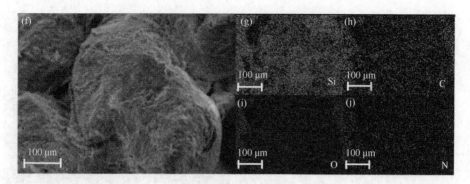

图 3-11　空白砂岩［(a)～(e)］和渗透加固保护型膨润土基水凝胶（SR）保护后的砂岩［(f)～(j)］表面形貌及元素分布

3.3.4　保护砂岩的化学结构

　　SR 水凝胶保护前后的砂岩样品化学结构是通过傅里叶红外光谱（FTIR）来进行表征的，如图 3-12（a）～（d）所示。SR 水凝胶原位保护后的砂岩样品特征峰在 3698 cm^{-1}、3062 cm^{-1}、1005 cm^{-1}、407～484 cm^{-1} 处，分别对应于—OH/—NH$_2$、—CH$_2$—、Si—O—Si、Si—O—M 的伸缩振动峰。与砂岩表面的羟基相比，水凝胶处理后的砂岩在 3600～3800 cm^{-1} 处的吸收强度显著增强，这是由于水凝胶中的—NH$_2$/—OH 造成的。图 3-12（c）为 SR 水凝胶保护后的砂岩的 Si—O—Si 的红外特征峰的放大光谱图。Si—O—Si 的红外特征峰出现偏移，这是由于 SR 水凝胶不同的 Si—O—Si 和 Si—O—C 键引起的；图 3-12（d）为 SR 水凝胶保护后的砂岩的 Si—O—M 的红外特征峰的放大光谱图，Si—O—M 特征峰出现了明显的偏移，这是由于砂岩成分中的金属元素与 SR 水凝胶生成了新的 Si—O—M 键。

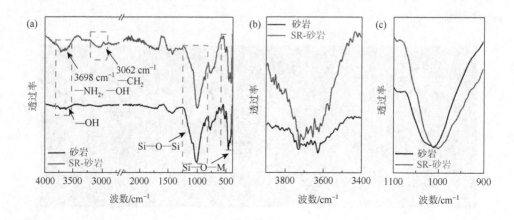

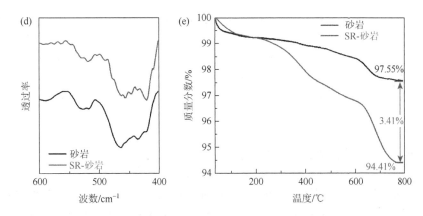

图 3-12　渗透加固保护型膨润土基水凝胶（SR）保护前后的砂岩的 FTIR 图（a～d）和
TGA 图（e）

SR 水凝胶保护后的砂岩的元素分析通过 XPS 进行表征，如图 3-13 所示。SR 水凝胶保护前后的砂岩样品的主要组成元素均为 C、Si 和 O，保护后的砂岩中出现了 N 1s 特征峰，同时 N 元素的含量从 0 增加到 9.29%（表 3-2），这表明水凝胶可以很好地附着在砂岩颗粒表面。在高分辨率 XPS 谱图中，Si 2p 特征峰出现了明显的偏移，这是由于 SR 水凝胶中存在的 Si—O 键化学环境与砂岩中的不同。SR 水凝胶保护前后的砂岩样品的热失重曲线结果如图 3-12（e）所示。通过计算可得，空白砂岩样品的剩余质量分数为 97.55%，SR 水凝胶保护后的砂岩样品的剩余质量分数为 94.41%，SR 水凝胶材料在保护过后的砂岩中的含量大约为 3.14%，进一步证明了 SR 水凝胶附着在砂岩表面。

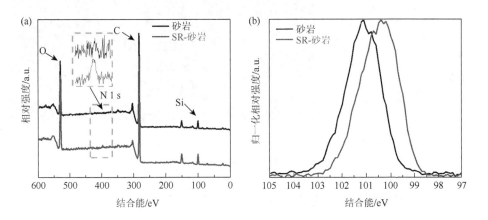

图 3-13　渗透加固保护型膨润土基水凝胶（SR）原位保护前后的砂岩的 XPS 全谱图（a）和
高分辨 Si 2p（b）谱图

表 3-2　SR 水凝胶原位保护后的砂岩样品表面元素含量

样品	C/at%	O/at%	Si/at%	N/at%
砂岩	21.58	50.62	14.02	0.0
SR-砂岩	34.09	41.15	8.65	9.29

3.3.5　水凝胶在砂岩内部分布——荧光示踪技术

　　SR 水凝胶原位保护后的砂岩样品内部的 SR 水凝胶分布情况是通过荧光示踪技术和研磨后的砂岩样品内部的颗粒的 SEM-EDS 进行表征的。荧光示踪检测采用氨基蓝光碳量子点（CQDs，发射波长在 480 nm）作为荧光示踪剂，其化学结构如图 3-14（a）所示。操作方法如下：将氨基蓝光碳量子点荧光剂直接掺杂到 SR 水凝胶前驱体溶液中，然后采用滴渗法，将掺杂有荧光剂的溶液渗入到砂岩样品中。最后将制备好的砂岩样品在自然条件下干燥，然后将样品从中间切割，在紫外光照射下，观察表面和内部的荧光情况。砂岩样品的规格为半径 2.3 cm、高 4 cm 的圆柱。氨基蓝光 CQDs 在 SR 水凝胶前驱体溶液和 SR 水凝胶中均展示了极强的蓝色荧光，如图 3-14（b）和（c）所示。图 3-14（d）～（g）为掺杂 CQDs 的 SR 水凝胶保护后的砂岩内部和表面的荧光效果。结果表明，砂岩样品内部和表面均表现出来自 CQDs 的荧光效果，并且荧光分布均匀。这表明 SR 水凝胶对于砂岩具有良好的渗透性，对表面和内部均具有良好的保护效果。

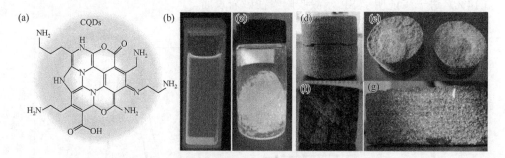

图 3-14　氨基蓝光 CQDs（a）在 SR 水凝胶溶液（b）及 SR 水凝胶（c）中的发光行为，荧光示踪技术追踪 SR 水凝胶在砂岩样品表面和内部的分布 [（d）～（g）]

3.3.6　水凝胶在砂岩内部分布——SEM 分析

　　图 3-15（a）～（d）为 SR 水凝胶原位保护后的砂岩样品研磨后内部颗粒的 SEM-EDS 谱图。在 SR 水凝胶原位保护后砂岩样品的颗粒表面检测到了均匀分布

的 Si、C、N 等元素，这表明 SR 水凝胶在砂岩内部依旧均匀覆盖在砂岩颗粒的表面，示意图如图 3-15（e）所示。

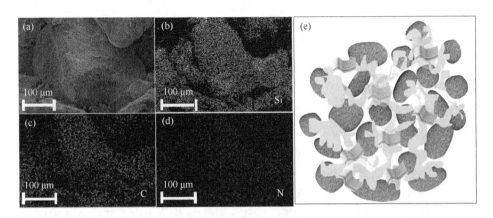

图 3-15　SR 水凝胶原位保护后的砂岩样品研磨后的内部颗粒的 SEM-EDS 谱图（a～d）和 SR
　　　　水凝胶保护行为示意图（e）

3.3.7　保护砂岩的孔隙结构、透气性和吸水性

图 3-16 为 SR 水凝胶保护前后砂岩的透气性，用湿流密度来表示。湿流密度是指在单位时间内，单位面积通过的水蒸气湿流量，单位为 g/(m²·h)或 kg/(m²·s)。空白砂岩样品的湿流密度 $G_{砂岩} = -0.06298$ g/(m²·h)，SR 水凝胶保护处理后的砂

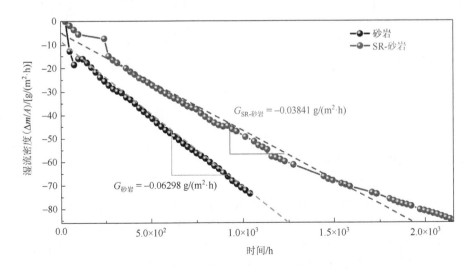

图 3-16　渗透加固保护型膨润土基水凝胶（SR）原位保护前后的砂岩透气性

岩样品的湿流密度 $G_{SR-砂岩}$ = –0.03841 g/(m²·h)，与空白砂岩样品相比，水蒸气透过量降低大约在 0.02498 g/(m²·h)，这是由于 SR 水凝胶保护过后的砂岩样品的孔隙率降低，允许水蒸气通过的通道变小，减小孔隙但是没有完全阻塞孔隙，导致水蒸气透过量减小；并且水凝胶与外界环境的湿度时刻保持着吸收-释放水蒸气平衡的状态。

　　SR 水凝胶加固保护后的砂岩的孔隙率如图 3-17（a）所示。作为对照，空白砂岩的孔隙率为26.83%，而 SR 水凝胶保护性处理过后的砂岩的孔隙率为24.12%，孔隙率降低了 10.12%。这表明 SR 水凝胶可以减小风化砂岩的孔隙率，并且作为新的胶结质补充到砂岩孔隙中，但是不会完全阻塞砂岩的孔隙。

　　图 3-17（b）为空白、SR 保护后的砂岩样品的吸水率。空白砂岩样品的吸水率为 8.47%，SR 水凝胶保护性处理后的砂岩的吸水率为 7.57%，吸水率降低了 10.63%。被保护后的砂岩的吸水率有所下降，这表明 SR 水凝胶材料对砂岩起了一定的屏障作用，阻止外界水分等过度渗入砂岩基体，对砂岩基体造成破坏；其次 SR 水凝胶材料引入后，SR 水凝胶自身并未出现过度吸水的现象，证明在实际应用中 SR 水凝胶不会过度吸水，破坏砂岩基体或是破坏水凝胶自身的网络结构。

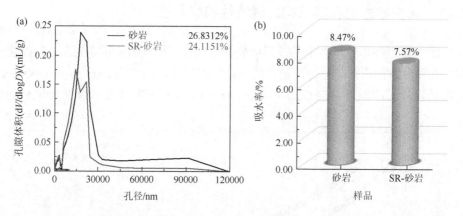

图 3-17　渗透加固保护型膨润土基水凝胶（SR）原位保护前后砂岩的孔隙率（a）和吸水率（b）

3.3.8　保护砂岩的机械强度

　　SR 水凝胶原位保护后的砂岩的机械强度通过抗压强度试验机进行表征，如图 3-18 所示。空白砂岩的抗压机械强度为 12.7 MPa，SR 水凝胶原位保护后的砂岩的抗压机械强度为 18.6 MPa，增强了 46.46%，这表明 SR 水凝胶原位保护后的砂岩的抗压机械强度得到了极大提高，增强的抗压强度表明砂岩与 SR 水凝胶之间具有强作用的相互作用力。

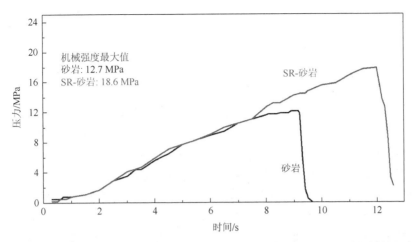

图 3-18　渗透加固保护型膨润土基水凝胶（SR）原位保护前后的砂岩的机械强度

3.3.9　酸度老化对保护砂岩的影响

SR 水凝胶原位保护砂岩的耐酸行为通过耐酸度老化试验进行表征，如图 3-19 所示。耐酸性一般是指材料抵抗酸性腐蚀的性能，耐酸度常用酸性物质腐蚀后样品的相对质量变化来表示。空白砂岩在经过耐酸度测试之后，完全粉末化，用 SR 水凝胶原位保护处理后的砂岩还保持了比较完整的形貌，耐酸度为 88.83%。空白砂岩样品在强酸（10% H_2SO_4）中浸泡约 90 min 后已经完全被破坏，SR 水凝胶保护性处理后的砂岩在强酸（10% H_2SO_4）中浸泡 4 h 后依旧保持比较完整的形貌，SR 水凝胶的耐酸度为 88.83%。结果表明，SR 水凝胶极大提高了砂岩的耐酸度。这是由于膨润土片层对外界腐蚀性酸性物质起到一种"迷宫效应"，即屏障作用。此外，膨润土的加入增强了水凝胶的交联作用，使水凝胶网络结构更加致密，起到第二层屏障作用。进而实现对砂岩的耐酸保护效果。

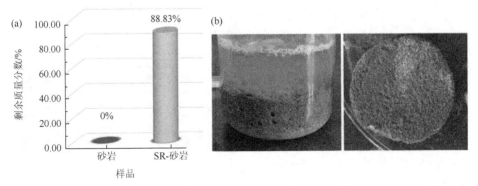

图 3-19　渗透加固保护型膨润土基水凝胶（SR）原位保护前后砂岩的耐酸度（a）及保护前后
砂岩样品的耐酸行为的光学照片（b）

3.3.10 冻融老化对保护砂岩的影响

砂岩内部通常存在一定的水分，受温度影响，在寒冷条件下，会发生冻结而结冰，水结冰时体积会增大，在砂岩的内部产生膨胀力；然而在温暖的条件下，冰融化，导致水分流失，砂岩内部收缩，这样冻结和融化反复作用会加速砂岩的风化，致使砂岩产生裂缝。为了进一步探究 SR 水凝胶原位保护后的砂岩耐冻融行为，对 SR 水凝胶原位保护后的砂岩样品进行了冻融循环老化试验。图 3-20 为冻融循环老化试验过程中的质量损失变化和循环过程中表面形貌变化的光学照片。在第 50 个循环之前，空白砂岩样品和用 SR 水凝胶保护处理后的砂岩样品都保持了较为完好的形貌。第 52 个循环时，空白砂岩样品完全被破坏，冻融循环停止；而经过用 SR 水凝胶保护处理后的砂岩样品仅边角处出现些许的颗粒损失，在 100 个循环时，依旧保持比较完整的形貌。SR 水凝胶保护后的砂岩样品在经历 168 个循环之后，仅有部分砂岩样品出现少量片层脱落的现象，保持了比较完整形貌。冻融循环老化试验的结果表明，SR 水凝胶可极大地提高砂岩的耐冻融行为。

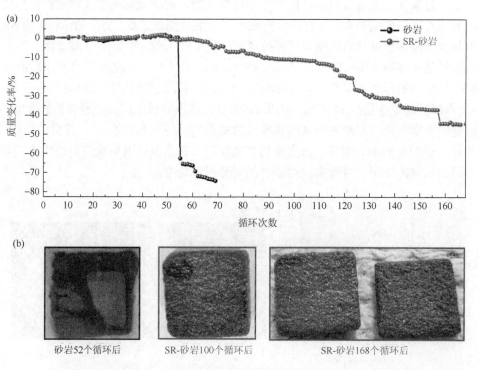

图 3-20　渗透加固保护型膨润土基水凝胶（SR）原位保护前后的砂岩的冻融老化循环试验及循环过程中的光学照片

3.3.11 耐盐湿热老化对保护砂岩的影响

在自然界中，盐湖、海水或者含盐土壤表层中的盐分通过风、雾等带到空气中，落到岩石表面，产生盐结晶侵蚀岩石表面，致使表面产生颗粒状破坏。由于砂岩是多孔结构，外界的一些可溶性污染物可以轻松地通过砂岩的孔隙带入砂岩内部。岩石表面和自然界中的可溶性盐可以通过降雨等方式进入砂岩孔隙内部，随着水分的蒸发产生盐结晶，当结晶积累到一定程度，会对砂岩孔隙壁产生结晶压力，当结晶压力大于砂岩孔壁的机械强度时就会撑破砂岩孔隙周围的颗粒，造成物理崩解和破损。SR 水凝胶在实际应用中的耐盐行为通过盐结晶湿热循环老化试验进行表征。图 3-21 为 SR 水凝胶保护后的砂岩样品的盐结晶湿热老化循环试验过程中的质量损失变化和循环过程中表面形貌变化的光学照片。空白砂岩一般在第 4 个循环结束时就出现比较严重的破损情况，在第 5 个循环的浸泡盐水过程中

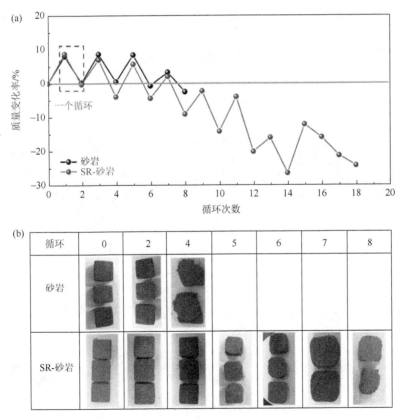

图 3-21　渗透加固保护型膨润土基水凝胶（SR）原位保护前后砂岩的盐结晶湿热循环老化试验
（a）及老化过程中的光学照片（b）

遭到完全破坏，出现完全粉末化；经 SR 水凝胶保护性处理后的砂岩在第 5 个循环仅出现边角破损状况，在第 8 个循环结束时表层剥离严重，第 9 个或第 10 个循环结束时被完全破坏。盐结晶湿热老化循环试验结果表明，经 SR 水凝胶保护性处理后的砂岩的耐盐行为大大提升。此外，通过观察盐结晶对砂岩的破坏行为，SR 水凝胶保护后的砂岩基本都是从边角开始破损，这表明水凝胶起到了很好的内部加固保护作用。

3.3.12　保护材料对砂岩的长效保护机理

图 3-22 为渗透加固型膨润土基水凝胶（SR）与砂岩的作用机理示意图。砂岩与水凝胶间存在强氢键、Si—O—Si 键、Si—O—M 键、质子化和离子键、机械咬合等作用。渗透加固型膨润土基水凝胶（SR）在砂岩内部原位形成，膨润土作为黏土的一种，具有与砂岩相似的成分，因而渗入砂岩后与砂岩基体之间展现了极好的兼容性，并且可以补充风化砂岩中流失的胶结质，产生胶结作用，填充砂岩孔隙，对砂岩起到加固作用。由于膨润土本身的 Si—O 中的 Si^{4+} 和层间 Al^{3+} 容易被 Mg^{2+}、Fe^{2+}、Li^+ 等低价离子取代，从而造成其层间电价不饱和，导致膨润土片层拥有永久负电性，因而可与砂岩岩石基体中的金属阳离子生成离子键作用。此外，SR 水凝胶含有很多氨基基团，与砂岩形成极强的氢键作用；另外砂岩中含

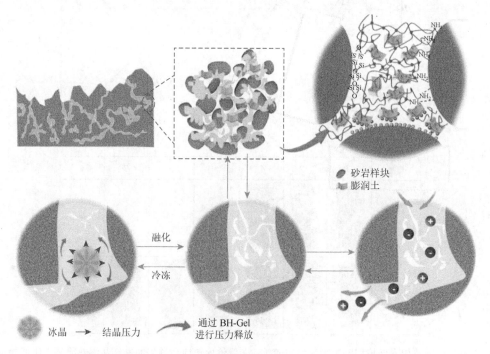

图 3-22　渗透加固保护型膨润土基水凝胶（SR）的长效保护机制

有铁等金属离子,可与水凝胶中的氨基形成配位键作用。SR 水凝胶与砂岩基体间也存在强氢键作用、配位作用、离子键以及强机械咬合作用,使砂岩样品与 SR水凝胶结合更加牢固。

基于透气性与孔隙率变化的研究,水凝胶起到对砂岩减小孔隙但不阻塞孔隙的效果。因此,当温度下降、砂岩内部的水分结冰时,冰的结晶压力首先在水凝胶的空隙中释放,从而减小对砂岩孔隙内壁的压力,进而增强砂岩的耐冻融行为。当温度上升时,冰融化产生的水分首先被水凝胶吸收,对砂岩起到屏障作用,防止水分对砂岩的进一步破坏,同时水凝胶根据外界的湿度调节自身含水量,达到一个平衡状态。此外,水凝胶在砂岩内部充当离子通道的作用,外界的可溶性盐等进入砂岩内部时首先会存储在水凝胶中,避免对砂岩的直接破坏行为。当离子积攒到一定程度时,会经由水凝胶流到砂岩外部。此外,进入水凝胶的离子可以对水凝胶起到降低冰点的作用,进一步增强保护效果。

3.3.13　保护材料现场应用及对比分析

为了研究膨润土基水凝胶在实际应用中的效果,在陕西彬县大佛寺选择风化严重的砂岩进行实地保护应用研究。采用喷壶喷渗的形式对选定的风化砂岩区域进行保护。

图 3-23 [(a)、(b)] 为选址风化砂岩保护性处理前后的光学照片,保护前后对砂岩的外观没有造成很大的影响;图 3-23 [(c)、(d)] 为超声波强度检测图,根据检测结果,保护前的超声波速为 $V = 9.89\ \mathrm{cm/s}$,保护后的超声波速为 $V = 10.10\ \mathrm{cm/s}$,超声强度变化率为 2.12%。测试结果表明,保护后的砂岩的超声强度增强,但是增强幅度并不大,说明膨润土基水凝胶保护材料对砂岩自身性能影响不大,防止保护后的砂岩强度变化过大而与砂岩基体接触面产生应力差,对砂岩造成二次破坏。

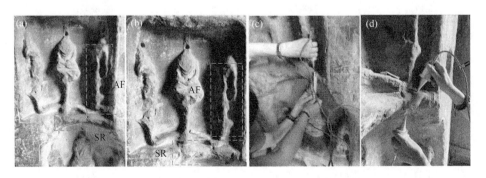

图 3-23　保护前后砂岩真实样品的图片 [(a)、(b)] 和超声强度检测 [(c)、(d)]

表 3-3 和图 3-24 分别为选址砂岩表面吸水系数（W_{wk}）和文物表面单位面积的吸水量对应吸水时间平方根的关系曲线，这条曲线近似直线部分的斜率即为表面吸水系数。用表面吸水系数表征文物吸水性能，W_{wk} 越大，对应的表面吸水性能越强，对于研究砂岩保护前后的效果评估有着极其重要的研究价值。测试方法：选取砂岩平整的地方，清洁表面浮尘，利用橡皮泥或者黏土固定卡斯通管，并向其中加去离子水至零刻度，去离子水的刻度每下降 0.5 mL 记录一下时间，液面低于可读刻度值时试验结束。记录并计算试验数据。测量保护过后大佛寺砂岩文物表面吸水系数时，温度为 24℃，湿度为 66%，所测量面积为 7.065 cm²。

利用公式计算 W_{wk} 值：

$$W_{wk} = \Delta Q_i / \Delta \sqrt{t_i} \qquad (3-1)$$

式中，W_{wk} 为表面吸水系数，g/(s$^{1/2}$·cm²)；ΔQ_i 为测试时间点上测试对象单位面积的表面吸水量瞬时值变化，g/cm²；$\Delta \sqrt{t_i}$ 为测试对象测试时间点上时间瞬时变化值的平方根，s$^{1/2}$。

$$\Delta Q_i = [m_i - m_{i-1}] / A \qquad (3-2)$$

式中，$[m_i - m_{i-1}]$ 为测试时间点前后测试对象表面吸水量的变化值，g；A 为测试面积，即测试对象与水层的有效接触面积，cm²。

根据测试结果，利用选址砂岩表面毛细吸水系数曲线接近直线处，获得斜率，完成对保护前后的砂岩的 W_{wk} 的测量，所测得的砂岩的吸水系数分别为 0.12 和 0.070，吸水系数降低了 41.67%。

表 3-3　选点砂岩表面吸水系数（W_{wk}）数据记录表

测试时间 t/s	吸水时间因子 $\sqrt{t}/s^{1/2}$	刻度读数/mL	单位面积吸水量 $Q/(g/cm^2)$
0	0	0	0
7.19	2.68	0.5	0.071
12.64	3.55	1.0	0.142
22.09	4.70	1.5	0.212
31.30	4.59	2.0	0.283
43.69	6.61	2.5	0.354
54.78	7.40	3.0	0.425
64.70	8.04	3.5	0.495
76.59	8.75	4.0	0.566
90.85	9.53	4.5	0.637

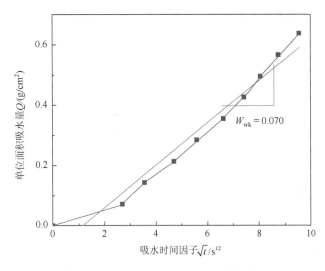

图 3-24　选址砂岩表面毛细吸水系数曲线

3.3.14　小结

本小节通过将改性膨润土引入水凝胶体系，成功构筑了一种能够在砂岩内部原位形成的新型膨润土基水凝胶材料——渗透加固型膨润土基水凝胶（SR）体系，真正实现对砂岩的高效加固保护。对砂岩进行原位保护处理后，通过 XPS、FTIR、TG 和 SEM-EDS 研究了膨润土基水凝胶与砂岩的结合方式、化学组成以及表面形貌和元素分布的变化，通过色度、透气性和吸水性研究了水凝胶保护材料对砂岩自身形貌和性能的影响，通过耐酸度、冻融循环以及盐结晶湿热循环研究了水凝胶材料的保护效果，同时评估研究了其在户外真实砂岩基文物的原位保护效果。研究结果总结如下所述。

（1）采用渗透法、浸泡法和喷涂等方式对砂岩进行保护。提出了凝胶在砂岩内部原位形成过程：膨润土基水凝胶渗入到砂岩的孔隙和砂岩中胶结质流失的部位，在氢键和共价键的驱动下原位形成水凝胶。SR 水凝胶保护处理过后的砂岩的色度变化 $\Delta E = 2.78$，对砂岩外观形貌影响不大；孔隙率略有降低（降低约 10%）；由于干燥的水凝胶自身吸湿性能影响，对砂岩透气性的影响较大，透气性降低了约 0.02498 g/(m²·h)，吸水率降低了约 10.63%。

（2）通过荧光碳点示踪技术，验证了膨润土基水凝胶在砂岩内部成功原位形成，且分布均匀。基于形貌和结构表征，提出了高效加固保护机制：砂岩与水凝胶间存在强氢键、Si—O—Si 键、Si—O—M 键、质子化和离子键、机械咬合等作用。膨润土基凝胶与砂岩基体间展现了极好的兼容性，并产生胶结作用，填充砂岩流失的胶结质对砂岩起到加固作用。膨润土片层具有一定的永久负电荷，因而可与砂岩基体中的金属阳离子产生离子键作用。

（3）SR 水凝胶保护处理后的砂岩样品大大提高了砂岩的耐酸、耐冻融和盐结晶湿热循环的能力。空白砂岩样品在强酸（10% H_2SO_4）中浸泡约 90 min 后已经完全被破坏，而 SR 水凝胶保护性处理后的砂岩在强酸（10% H_2SO_4）中浸泡 4 h 后依旧保持比较完整的形貌，SR 水凝胶的耐酸度为 88.83%。冻融循环老化试验中，第 52 个循环时，空白砂岩样品完全被破坏，循环终止；而 SR 水凝胶保护性处理后的砂岩样品依旧保持完整，在经历 100 多个循环后，依旧保持完整的形貌，SR 水凝胶保护后的砂岩样品的耐冻融行为是空白砂岩的 3 倍左右。盐结晶湿热老化循环中，经 SR 水凝胶保护性处理后的砂岩的耐盐行为是空白砂岩的 2 倍左右。

3.4　膨润土基水凝胶黏接型保护材料（AR）的设计思路与性能研究

3.4.1　AR 的设计思路

3.3 节介绍了原位渗透加固型膨润土基水凝胶（SR）的制备、性能调控及应用评估。本节围绕砂岩保护材料的黏接修复领域开展探索，制备了黏接修复型膨润土基水凝胶（AR），利用水凝胶的强结合、高柔韧性、机械强度可控、载水性和保水性能以及透气性极好，以及与砂岩良好的兼容性特点，对砂岩质文物进行黏接修复。

本节首先采用乙烯基三甲氧基硅烷（VTMO）对膨润土进行有机改性，然后选用四甲基乙二胺（TMEDA）作为凝胶加速剂、N, N-亚甲基双丙烯酰胺（MBAA）作为交联剂，制备了黏接修复型膨润土基水凝胶（AR）。通过傅里叶变换红外光谱（FTIR）、热重分析（TG）、X 射线光电子能谱（XPS）和扫描电镜（SEM）研究了水凝胶的化学结构、表面形貌及元素组成，通过室温失重和黏接强度性能实验研究了水凝胶的自身特性；对砂岩进行黏接保护处理后，通过 XPS、FTIR、SEM 和光学显微镜研究了水凝胶与砂岩的结合方式、表面形貌及元素组成的变化，通过透气性和孔隙率的变化研究了膨润土基水凝胶保护性材料对砂岩自身形貌和性能的影响，通过冻融老化循环以及盐结晶湿热老化循环研究了水凝胶材料的保护效果。

3.4.2　AR 结构调控

黏接修复型膨润土基水凝胶（AR）的制备：首先，将 1.0 g 丙烯酰胺（AM）

和 0.01 g B-VTMO 加入到装有 10 mL H₂O 的烧瓶中,在室温下持续搅拌 1 h,使 B-VTMO 完全分散在 H₂O 中;然后向分散液中加入 0.001 g MBAA,0.3 g 过硫酸钾(KPS),在室温条件下持续搅拌反应 1 h,得到凝胶前驱体溶液。将水凝胶前驱体中加入四甲基乙二胺(TMEDA)溶液,则得到黏接修复型膨润土基水凝胶(AR)。AR 的合成路线如图 3-25 所示。

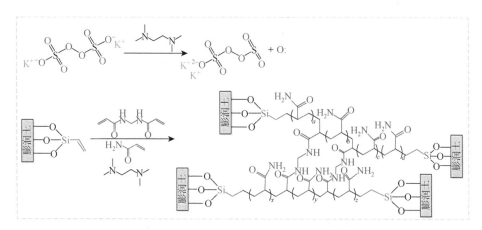

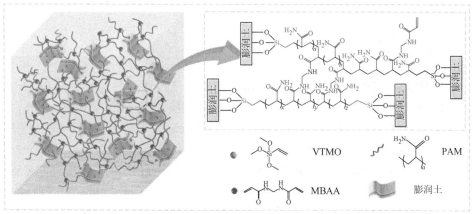

图 3-25　黏接修复型膨润土基水凝胶(AR)合成路线及示意图

3.4.3　AR 的载水、保水性能调控

AR 水凝胶的载水性和保水性是通过室温失重测试分析的,如图 3-26 所示。在测试开始 2 天左右,AR 水凝胶和普通水凝胶具有相同的失重趋势和含量变化;普通水凝胶在第 2 天之后含水量比开始出现快速下降,第 8 天时剩余质量比仅为18.05%左右;AR 水凝胶的失重曲线始终处于较为平缓的状态,在 8 天左右仍然

具有 79.12%左右的剩余质量比，这表明 AR 水凝胶比普通水凝胶具有更好的保水性能。

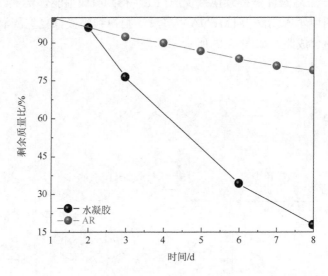

图 3-26　黏接修复型膨润土基水凝胶（AR）的载水性和保水性测试

3.4.4　AR 的化学结构表征

黏接修复型膨润土基水凝胶（AR）的化学结构通过傅里叶变换红外光谱（FTIR）进行表征，如图 3-27（a）所示。AR 水凝胶 FTIR 光谱中，特征峰分别在 450 cm^{-1}、1100 cm^{-1}、1600 cm^{-1}、2900 cm^{-1}、3700 cm^{-1}，它们分别属于 Si—O—M、Si—O—Si 和未反应完全的—C=C—、—CH$_2$—和结合水、—CH$_2$、—OH 和—NH$_2$ 的伸缩振动峰；此外，AR 水凝胶的 Si—O—Si 的特征峰出现明显的偏移，这是由于受 AR 水凝胶中强氢键的影响；AR 水凝胶的—CH$_3$/—CH$_2$—和结合水的特征峰比 B-VTMO 的—CH$_3$/—CH$_2$—和结合水的特征峰强度明显增强，膨润土层间离子的溶出和交换也使得 Si—O—M 出现了偏移和弱化。

BT 和 SR 水凝胶的热失重曲线结果如图 3-27（b）所示。200℃之前所对应的质量损失对应于空气中物理吸收的水分影响，因此计算过程中，把 200℃时所对应组分的质量定为初始值，分别为 98.19%和 88.31%。通过计算可得，BT 和 SR 水凝胶的质量损失率分别为 30.19%和 63.67%，进一步证明了水凝胶的比例含量。

黏接修复型膨润土基水凝胶（AR）的化学成分是通过 XPS 进行分析的，如图 3-28 所示。AR 水凝胶的 XPS 谱图中，出现了明显的来自水凝胶成分的 N 1s

特征峰。在 Si 2p 的高分辨 XPS 谱图中，AR 水凝胶的 Si 2p 特征峰出现偏移，这是由于 AR 水凝胶的 Si 元素化学环境与膨润土中的 Si 化学环境不同。

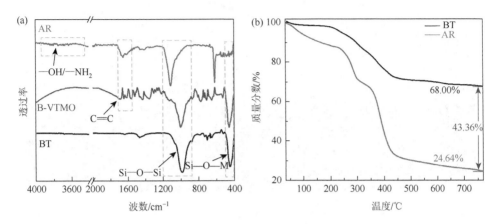

图 3-27　黏接修复型膨润土基水凝胶（AR）的 FTIR（a）和 TG（b）

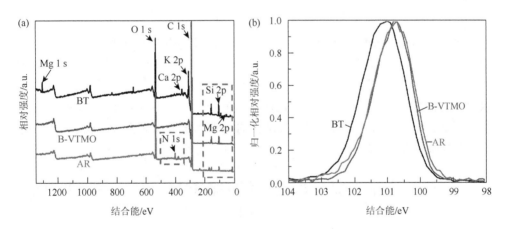

图 3-28　黏接修复型膨润土基水凝胶（AR）的 XPS 图谱

3.4.5　AR 的形貌和组成分析

　　黏接修复型膨润土基水凝胶（AR）的表面形貌和元素分布是通过 SEM-EDS 进行表征的，如图 3-29 所示。干燥的 AR 水凝胶为多孔结构，这种结构有利于 AR 水凝胶附着在被保护材料的表面时，减小自身对被保护材料透气性的影响。SEM-EDS 能谱给出了 AR 水凝胶表面的元素分布［图 3-29（c）～（f）］。Si、C、O、N 元素均匀分布，表明膨润土在水凝胶体系中具有良好的分散性和兼容性，且没有出现团聚现象。

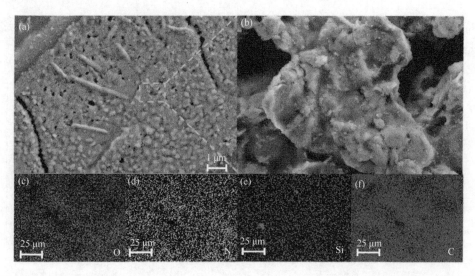

图 3-29　黏接修复型膨润土基水凝胶（AR）的 SEM [（a）、（b）] 和相应元素能谱 [（c）～（f）]

3.4.6　小结

本小节通过将改性膨润土引入水凝胶体系，成功构筑了一种黏接修复型膨润土基水凝胶（AR）。通过 FTIR、TG、XPS 和 SEM-EDS 研究了黏接型膨润土基水凝胶的化学结构和表面形貌，通过室温失重实验和黏接强度测试研究了膨润土基水凝胶的自身特性。通过控制组分比例、温度和反应时间等因素，成功制备了黏接修复型膨润土基水凝胶（AR），且制备的 AR 水凝胶具有良好的载水性和保水性以及黏接性能（1.7 MPa）。

3.5　膨润土基水凝胶黏接型保护材料（AR）保护砂岩的应用研究

黏接修复型膨润土基水凝胶（AR）对砂岩保护性处理主要采用两种方法进行。第 1 种方法的具体操作流程为：首先，配制四甲基乙二胺的去离子水稀释溶液（去离子水∶TMEDA = 19∶1），将黏接修复型膨润土基水凝胶（AR）的前驱体溶液与四甲基乙二胺的去离子水稀释溶液混合均匀；然后，将 AR 水凝胶的前驱体溶液与四甲基乙二胺的去离子水稀释溶液的混合溶液涂覆到破损砂岩样品的待修复部位，将破损砂岩样品的修复部件贴合到砂岩样品的待修复部位实现对破损砂岩样品的黏接修复。第 2 种方法的具体操作流程为：首先，将黏接修复型膨润土基水凝胶（AR）前驱体溶液加入砂岩粉末颗粒中，搅拌均匀，得到第一修复浆料，再将四甲基乙二胺的去离子水稀释溶液加入到第一修复浆料中，迅速搅拌均匀，得到第二修复浆料，将第二修复浆料涂覆在破损砂岩样品的待修复部位，实现对破损砂岩的黏接修复。

3.5.1　保护砂岩的黏接性能

AR 水凝胶的黏接强度使用万能试验机进行分析，如图 3-30（a）所示。取 20 μL 的 AR 水凝胶溶液黏合两块玻璃片，接触面积为 1.25×2.5 cm^2。处理过的玻璃片在室温条件下干燥 24 h，然后在 50℃的真空烘箱中再干燥 24 h。最后，黏接强度取 8 个样品的平均值。AR 水凝胶黏合玻璃片的黏接强度可达到 1.7 MPa。此外砂岩黏接性能也用两种方法进行了研究（图 3-30）：方法一将已经制备好的 AR 水凝胶直接进行黏接，方法二为先用 AR 水凝胶前驱体溶液浸湿砂岩粉末，然后加入 TMEDA 的稀释溶液（去离子水：TMEDA = 19：1），迅速搅拌均匀，得到砂岩粉末修复浆料，用修复浆料黏接砂岩样块。两种方式均具有较好的黏接能力，且砂岩粉末修复浆料黏接后对砂岩的形貌无很大影响。黏接砂岩粉末也采用两种方式，一是将砂岩粉末置于模具中，先向其中渗入 AR 水凝胶前驱体溶液，再向其中渗入 TMEDA 的去离子水稀释溶液，室温下放置，自然干燥成型；二是先用 AR 水凝胶前驱体溶液浸湿砂岩粉末，然后加入 TMEDA 的稀释溶液，迅速搅拌均匀，将其转移到模具中，室温下放置，自然干燥成型。针对不同颗粒大小、不同黏接厚度及不同黏接方式的黏接效果进行了研究。AR 水凝胶对 200 目、100 目、50 目、20 目及混合颗粒的砂岩粉末均有很好的黏接能力，并且两种黏接方式均具有很好的黏接效果。此外，砂岩样品的硬度测试是选取 3 kg 的重物对黏接好的砂岩样品施加压力进行的，如图 3-30（c）所示。砂岩样品黏接规格为（2×2×2）cm 或（2×2×1）cm，所有砂岩黏接样品均表现出良好的承重能力。

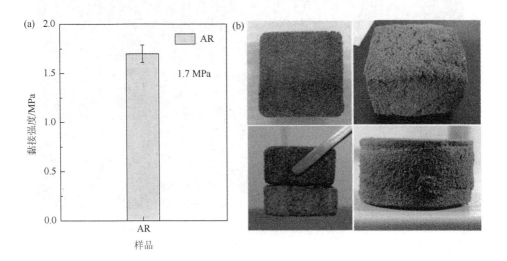

(c) 不同颗粒大小砂岩粉末黏接效果

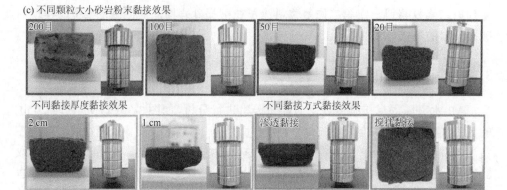

不同黏接厚度黏接效果　　　　　　　　不同黏接方式黏接效果

图 3-30　黏接修复型膨润土基水凝胶（AR）的黏接性能

3.5.2　保护砂岩的扫描电镜与元素组成分析

利用扫描电镜对 AR 水凝胶黏接修复保护处理后的砂岩进行了形貌和元素分布的研究。图 3-31 为 AR 水凝胶保护性处理前后砂岩的 SEM。在去离子水清洗干净并且干燥后的空白砂岩样品的表面仍然浮有一层砂岩粉末，表面比较粗糙；AR 水凝胶保护性处理后的砂岩样品，颗粒表面附着有一层水凝胶膜，表面比较光滑，

图 3-31　砂岩〔(a)～(e)〕和黏接修复型膨润土基水凝胶（AR）保护后砂岩样品〔(f)～(j)〕的表面形貌及表面元素分布

在颗粒之间也存在有 AR 水凝胶将其黏接在一起。利用 SEM-EDS 能谱对空白砂岩和经 SR 水凝胶保护过后的砂岩的表面元素分布进行了分析。AR 水凝胶保护前后的砂岩中均检测到了均匀分布的 C、Si 和 O 等元素，保护后的砂岩样品表面还检测到了均匀分布的 N 元素，这表明 AR 水凝胶与砂岩颗粒充分混合均匀，在颗粒的表面与砂岩颗粒缝隙中附着。

3.5.3 保护砂岩的化学结构

AR 水凝胶保护后的砂岩样品化学结构是通过傅里叶红外光谱（FTIR）来进行表征的，如图 3-32 ［(a) ～ (d)］ 所示。AR 水凝胶保护后的砂岩粉末的特征峰分别在 3698 cm^{-1}、3062 cm^{-1}、1005 cm^{-1} 和 407～484 cm^{-1} 左右，分别对应—OH/—NH$_2$、—CH$_3$/—CH$_2$—、—Si—O—Si— 和 Si—O—M 的特征峰。以空白砂岩的 FTIR 光谱作为对照，—OH 和—NH$_2$ 的特征峰的强度明显增强，Si—O—M 和—Si—O—Si— 的特征峰出现偏移；并且在 400 cm^{-1} 左右出现新的峰，这可能是由于砂岩成分中的金属与水凝胶生成新的 Si—O—M。为了进一步研究 AR 水凝胶黏接修复保护后的砂岩样品化学结构和元素分布，对其进行了 XPS 表征，如图 3-32 ［(e)、(f)］ 所示。空白砂岩样品与 AR 水凝胶保护性处理后的砂岩样品中都检测出明显的 C、O、Si 的特征峰，且 AR 水凝胶保护后的砂岩中有明显的 N 1s 峰存在，同时，AR 水凝胶保护后的砂岩样品表面 C、O、Si、N 元素含量均发生改变（表 3-4），N 元素含量增加至 10.8%，这表明水凝胶可以很好地附着在砂岩颗粒表面。在高分辨率 XPS 谱图中，Si 2p 特征峰出现明显的偏移，这是由于 AR 水凝胶中 Si 元素所处的化学环境与砂岩中的不同。AR 水凝胶保护前后的砂岩样品表面元素含量见表 3-4。

表 3-4 AR 水凝胶保护前后的砂岩样品表面元素含量

样品	C/at%	O/at%	Si/at%	N/at%
砂岩	21.58	50.62	14.02	0.0
AR-砂岩	43.82	34.99	5.97	10.80

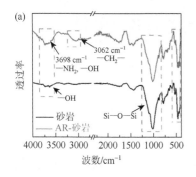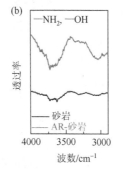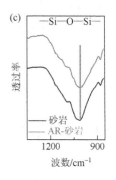

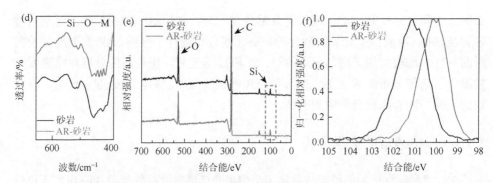

图3-32　黏接修复型膨润土基水凝胶（AR）保护后砂岩FTIR［（a）～（d）］和XPS［（e）、（f）］图谱

3.5.4　保护材料对砂岩的黏接保护机理

基于形貌和结构表征，提出了AR水凝胶对砂岩保护的作用机理：AR黏合剂充当胶结剂的作用，补充砂岩风化过程中流失的胶结剂，胶结砂岩颗粒，对砂岩起到加固作用。砂岩与AR水凝胶间存在强氢键、Si—O—Si键、Si—O—M键、质子化和离子键、机械咬合等作用。AR水凝胶自身含有很多氨基基团，与砂岩形成极强的氢键作用；另外砂岩中含有铁等金属离子，可与水凝胶中的氨基形成配位键作用，使其结合更加牢固。黏接修复型膨润土基水凝胶（AR）保护机理研究的示意图如图3-33所示。

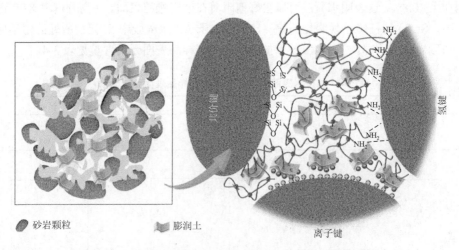

图3-33　黏接修复型膨润土基水凝胶（AR）保护机理研究

3.5.5　保护砂岩的孔隙结构和透气性

AR水凝胶黏接保护处理前后的砂岩样品的孔径分布使用AutoPore Ⅳ 9500进行

分析，如图 3-34 所示。空白砂岩样品的孔隙率为 26.83%，AR 水凝胶保护处理后的砂岩的孔隙率为 24.42%，孔隙率减小约 10%。这表明，AR 水凝胶修复性保护砂岩的孔隙率要小于空白砂岩样品的孔隙率，修复保护后的砂岩样品依旧保持良好的透气性。

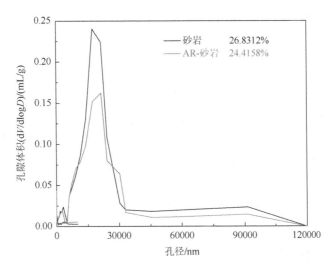

图 3-34　黏接修复型膨润土基水凝胶（AR）保护前后砂岩孔隙率

AR 水凝胶保护处理后对砂岩样品的透气性影响是通过水蒸气扩散法进行分析的，如图 3-35 所示。作为对照，空白砂岩样品的湿流密度 $G_{砂岩}$ = −0.06298 g/(m²·h)，AR 水凝胶保护处理后的砂岩样品的湿流密度 $G_{AR-砂岩}$ = −0.04097 g/(m²·h)，透气性降低约 0.02201 g/(m²·h)。这是由于干燥的 AR 水凝胶材料具有吸湿性，会在砂岩内部吸水调节自身含水量，导致水汽被水凝胶吸收一部分，进而导致测得的透气性下降。

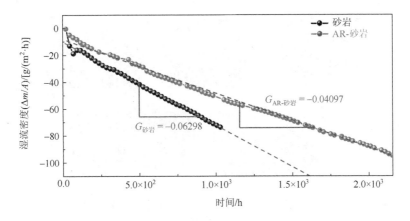

图 3-35　黏接修复型膨润土基水凝胶（AR）保护前后砂岩透气性

3.5.6　冻融老化对保护砂岩的影响

　　冻融循环是因为砂岩内部通常含有一定的水分，受温度影响，砂岩内部存在的水分不断地结冰膨胀和融化收缩，这样冻结和融化反复作用加速了砂岩的风化，致使砂岩产生裂缝。为了进一步探究 AR 水凝胶黏接保护后的砂岩的耐冻融行为，对 AR 水凝胶黏接保护后的砂岩样品进行了冻融循环老化试验。图 3-36 为 AR 水凝胶保护性处理之后的砂岩在冻融循环过程中的质量损失变化和循环过程中表面形貌变化的光学照片。第 10 个循环时，空白砂岩部分出现边角小颗粒脱落，AR 水凝胶的黏接接口处呈现良好的黏接性；第 31 个循环时，空白砂岩部分已经出现边角大块脱落的现象，AR 水凝胶黏接接口保持完好；第 37 个循环时，由于空白砂岩部分出现了片层脱落以及层间断裂的现象，质量出现明显的下降，但 AR 水凝胶黏接接口保持完好；在第 67 个循环时，空白砂岩部分断裂，由于黏接接口处

图 3-36　黏接修复型膨润土基水凝胶（AR）保护前后砂岩的冻融老化循环（a）及老化循环过程中的光学照片（b）

的 AR 水凝胶修复浆料的存在，断裂的空白砂岩部分并未脱离砂岩基体，但是接
口处的 AR 水凝胶修复浆料的黏接效果开始下降；第 70 个循环之后，黏接接口处
断开，但将断开的接口处重新结合在一起，自然干燥后，依旧能黏接在一起。这
表明，AR 水凝胶黏接修复后的砂岩样品具有良好的耐冻融行为，且具有一定的
自愈合效果。此外，在 AR 水凝胶保护后的砂岩的冻融老化循环过程中，AR 水凝
胶黏接部分与空白砂岩样品间并未出现崩解破损现象，这表明使用 AR 水凝胶制
备的修复浆料与砂岩基体本身之间具有良好的兼容性，在使用过程中，不会对砂
岩基体造成二次破坏。

3.5.7　盐湿热老化对保护砂岩的影响

由于砂岩是多孔结构，砂岩表面和自然界中的可溶性盐可以通过降雨等方式
进入砂岩孔隙内部，随着水分的蒸发产生盐结晶，结晶积累到一定程度，就会对
砂岩孔隙壁产生结晶压力，使砂岩造成物理崩解和破损。AR 水凝胶黏接保护后
的砂岩的耐盐行为是通过盐结晶湿热循环老化试验进行表征的。图 3-37(b) 为 AR
水凝胶保护性处理之后的砂岩在盐结晶湿热循环过程中的质量损失变化和循环过
程中的光学照片。前 3 个循环过程中，空白砂岩部分和 AR 水凝胶修复浆料的黏
接处，均保持外观形貌完整性以及良好的黏接性，在第 4 个循环之后，AR 水凝
胶保护后的砂岩样品的质量迅速下降。这是由于 AR 水凝胶保护后的砂岩样品的
空白砂岩部分出现物理崩解和大面积破损，黏接接口之外的地方开始出现明显颗
粒损失，但接口处依旧保持完好，这表明 AR 水凝胶修复浆料的黏接接口处具有良
好的耐盐结晶湿热老化的能力。此外，在循环过程中 AR 水凝胶黏接部分与空白砂
岩样品间并未出现崩解破损现象，这表明使用 AR 水凝胶制备的修复浆料与砂岩基
体本身之间具有良好的兼容性，在使用过程中，不会对砂岩基体造成二次破坏。

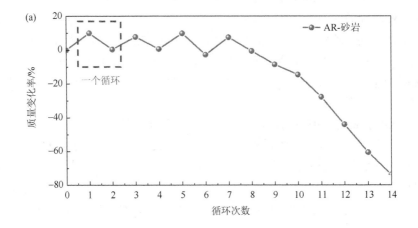

(b)

图 3-37　黏接修复型膨润土基水凝胶（AR）保护前后砂岩的盐结晶湿热老化循环（a）及老化
循环过程中的光学照片（b）

3.5.8　小结

　　本小节通过将改性膨润土引入水凝胶体系，成功构筑了一种黏接修复型膨润土基水凝胶（AR）。对砂岩进行黏接修复保护处理后，通过 XPS、FTIR 和 SEM 研究了膨润土基水凝胶与砂岩的结合方式、化学组成以及表面形貌和表面元素的变化，通过孔隙率、透气性研究了水凝胶保护材料对砂岩自身形貌和性能的影响，通过冻融老化循环以及盐结晶湿热老化循环研究了水凝胶材料的黏接保护效果。研究结果小结如下所述。

　　（1）AR 水凝胶黏接修复保护处理后的砂岩无明显的外观形貌变化；孔隙率为 24.42%，比空白砂岩降低了约 10%。由于干燥 AR 水凝胶的吸湿性，透气性比空白砂岩降低了约 0.02201 g/(m²·h)。AR 水凝胶对不同颗粒大小的砂岩粉末均有很好的黏接效果和良好的承重能力。

　　（2）基于形貌和结构表征，提出了 AR 水凝胶对砂岩保护的作用机理：AR 黏合剂充当胶结剂的作用，补充砂岩风化过程中流失的胶结剂，胶结砂岩颗粒，对砂岩起到加固作用。砂岩与 AR 水凝胶间存在强氢键、Si—O—Si 键、Si—O—M 键、质子化和离子键、机械咬合等作用。AR 水凝胶自身含有很多氨基基团，与砂岩形成极强的氢键作用；另外砂岩中含有铁等金属离子，可与水凝胶中的氨基形成配位键作用，使其结合更加牢固。

　　（3）AR 水凝胶保护后的砂岩冻融循环老化结果表明，AR 水凝胶修复浆料黏接修复后的砂岩样品具有良好的耐冻融行为，且具有一定的自愈合效果。此外，在 AR 水凝胶保护后的砂岩的冻融老化循环过程中，AR 水凝胶黏接部分与空白砂岩样品间并未出现崩解破损现象，这表明使用 AR 水凝胶制备的修复浆料与砂岩基体本身之间具有良好的兼容性，在使用过程中，不会对砂岩基体造成二次破坏。

AR 水凝胶的盐结晶湿热老化循环结果表明，AR 水凝胶修复浆料的黏接接口处具有良好的耐盐结晶湿热老化的能力。此外，在循环过程中 AR 水凝胶黏接部分与空白砂岩样品间并未出现崩解破损现象，这表明使用 AR 水凝胶制备的修复浆料与砂岩基体本身之间具有良好的兼容性，在使用过程中，不会对砂岩基体造成二次破坏。

3.6　渗透加固型膨润土基防冻水凝胶保护材料（AF）的设计思路与性能研究

3.6.1　AF 材料的设计思路

原位渗透加固型膨润土基防冻水凝胶（AF）的制备过程与 SR 水凝胶相一致，但在凝胶前驱体溶液制备过程中，溶剂由去离子水和丙三醇混合溶剂代替。首先，将 1.0 g 丙烯酰胺（AM）和 0.01 g 改性膨润土（B-VTMO）加入到装有去离子水和丙三醇的混合溶剂 [9 mL H_2O 和 1 mL 丙三醇（GI）] 的烧瓶中，在室温下持续搅拌 1 h，使 B-VTMO 完全分散在 H_2O 和 GI 的混合溶剂中；然后向分散液中加入 0.001 g N,N-亚甲基双丙烯酰胺（MBAA）、0.3 g 过硫酸钾（KPS），在室温条件下持续搅拌反应 1 h，得到凝胶前驱体溶液。凝胶前驱体溶液可在室温下自然放置成凝胶，此凝胶即为渗透加固型膨润土基防冻水凝胶材料。渗透加固型膨润土基防冻水凝胶（AF）的合成路线如图 3-38 所示。

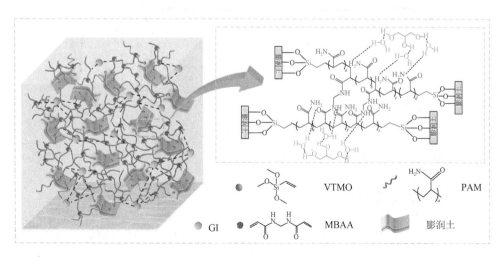

图 3-38　原位渗透加固型膨润土基防冻水凝胶（AF）的合成方法示意图

3.6.2 AF 的化学结构表征

通过 FTIR 对渗透加固型膨润土基防冻水凝胶（AF）的化学结构进行表征，结果如图 3-39 所示。对比膨润土的 FTIR 光谱结果表明，改性膨润土（B-VTMO）在 500～700 cm^{-1} 和 1000 cm^{-1} 左右处—Si—O—M—、—Si—O—Si—峰出现偏移，并且出现了—C≡C—的特征峰，这表明改性膨润土（B-VTMO）已成功制备。原位与膨润土和改性膨润土相比，渗透加固型膨润土基防冻水凝胶（AF）在 1700 cm^{-1}、3000～3200 cm^{-1} 和 3600 cm^{-1} 左右出现新的特征峰，分别对应为—C≡O、—CH$_3$/—CH$_2$—的特征峰，以及—NH$_2$/—OH 的叠加特征吸收峰。此外，AF 水凝胶的—Si—O—Si—特征峰出现明显的偏移，这是由于 AF 水凝胶中的强氢键影响，导致峰的位置偏移。

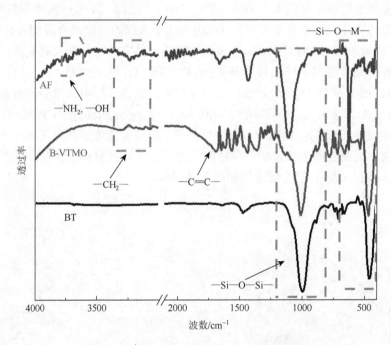

图 3-39 膨润土、改性膨润土和渗透加固型膨润土基防冻水凝胶（AF）的 FTIR 图谱

3.6.3 AF 的防冻和保水性

为了验证合成的 AF 水凝胶具有水凝胶的普遍性质，对 AF 水凝胶进行了自愈合、防冻效果以及室温失水的测试。图 3-40（a）为 AF 水凝胶自愈合性能的测试结果，表明 AF 水凝胶具有自愈和性能。图 3-40（b）～（e）分别为 AF 水凝胶

–7℃冷冻前、–7℃冷冻后、H_2O 和普通水凝胶–7℃冷冻后的图片。AF 水凝胶在–7℃冷冻前后基本没有差别，只存在一些细微的冰晶，但是质地依旧柔软有弹性；水和普通水凝胶在–7℃冷冻后都被冻结，变成白色的冰块状，这说明 AF 水凝胶具有一定的防冻抗寒效果，并且调节加入丙三醇的量可以进一步降低 AF 水凝胶的冰点。这主要是由于丙三醇与水分子间有强烈的氢键作用，阻止冰晶形成，而且丙三醇的醇链段可以固定在聚合物链上，防止水凝胶冻结。图 3-41 为 AF 水凝胶在室温条件下失重的测试结果。作为对照，普通水凝胶在第 9 天质量即达到平衡，剩余质量约为 15%，而 AF 水凝胶在 18 天左右仍然具有 45%以上的剩余质量，表明 AF 水凝胶比普通水凝胶具有更好的保水性能。这是由于丙三醇与水分子间强烈的氢键作用，阻止水分子向空气中蒸发，因此，AF 水凝胶在使用时，干燥周期可能需要更长时间。

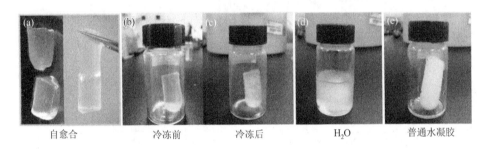

自愈合　　　　　　冷冻前　　　　　冷冻后　　　　　　H_2O　　　　　普通水凝胶

图 3-40　渗透加固型膨润土基防冻水凝胶（AF）的自愈合性能（a）和防冻效果［（b）～（e）］

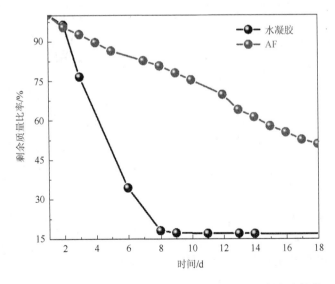

图 3-41　渗透加固型膨润土基防冻水凝胶（AF）的保水性能

3.6.4　保护砂岩的化学结构

利用 FTIR 对 AF 水凝胶保护处理后的砂岩的化学结构进行表征，如图 3-42 所示。AF 水凝胶保护性处理后的砂岩主要有—NH$_2$—/—OH、—CH$_2$—、Si—O—Si、Si—O—M 四个特征峰，分别位于 3500～3800 cm^{-1}、2900 cm^{-1}、1000 cm^{-1}、400～600 cm^{-1} 左右，从特征峰的局部放大图可以看出：Si—O—M 峰基本没有变化；Si—O—Si 峰出现偏移；—NH$_2$—/—OH 的峰更加尖锐，且往长波长方向移动，这是由于水凝胶中的—NH$_2$ 和 H$_2$O、丙三醇间产生的强氢键，使得谱带向长波长方向移动，且由于氢键缔合作用，使得—NH$_2$ 的峰相比相应的—OH 的谱带较弱，峰形较为尖锐。

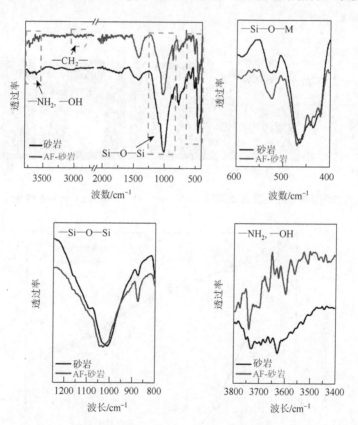

图 3-42　渗透加固型膨润土基防冻水凝胶（AF）原位保护前后的砂岩的 FTIR 图谱

3.6.5　保护砂岩的透气性、吸水性和耐酸度

为了测试 AF 水凝胶改性之后对砂岩的自身性质的影响，对 AF 水凝胶保护

后的砂岩进行了透气性和吸水率的测试，如图 3-43 所示。空白砂岩样品的湿流密度 $G_{砂岩}=-0.06298\ \mathrm{g/(m^2·h)}$，AF 水凝胶保护性处理后的砂岩的湿流密度 $G_{AF\text{-}砂岩}=-0.02634\ \mathrm{g/(m^2·h)}$，对照空白砂岩，AF 水凝胶保护后的砂岩的水蒸气透过量降低了约 0.03664 $\mathrm{g/(m^2·h)}$。空白砂岩的吸水率为 8.47%，AF 水凝胶保护处理后的砂岩的吸水率为 7.23%，吸水率约降低了 14.64%。

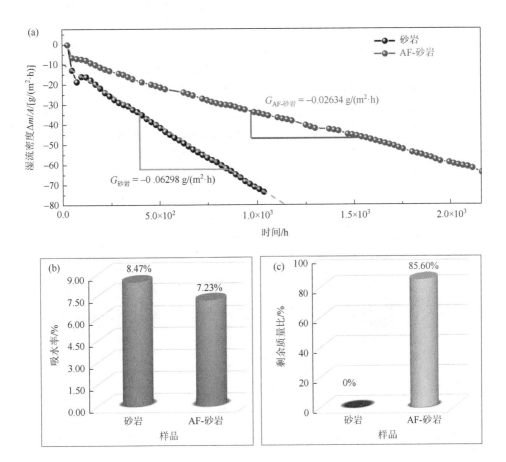

图 3-43　渗透加固型膨润土基防冻水凝胶（AF）原位保护前后的砂岩的透气性（a）、吸水率（b）和耐酸度（c）

为了评估渗透加固型防冻水凝胶（AF）原位保护后的砂岩的耐酸性行为，进行了耐酸度老化试验，如图 3-43（c）所示。空白砂岩大约 90 min 被完全破坏成砂岩颗粒，AF 水凝胶保护后的砂岩在浸泡 48 h 后依旧保持较为完好的形貌，耐酸度为 85.60%。这表明，AF 水凝胶材料大大提高了砂岩的耐酸度。

3.6.6　冻融老化对保护砂岩的影响

为了进一步探究 AF 水凝胶保护后的砂岩样品的耐冻融行为,对 AF 水凝胶保护后的砂岩样品进行了冻融循环老化试验。图 3-44 为 AF 水凝胶保护性处理前后的砂岩的冻融循环过程中的质量损失变化和循环过程中表面形貌变化的光学照片。在第 52 个循环时,空白砂岩受到完全性的破坏,粉末化严重,AF 水凝胶保护性处理后的砂岩在经历了 144 个循环后依旧保持完整的形貌,即没有出现表面的裂痕,也没有粉末化现象出现,表明 AF 水凝胶对于砂岩具有很好的保护性作用。这是因为 AF 水凝胶前驱体溶液在进入砂岩孔隙内部时,由于其内部丙三醇与水分子间强烈的氢键作用,阻止冰晶形成,而且由于丙三醇的醇链段中的—OH与水凝胶网络中的—NH_2作用固定在聚合物链上,也可防止水凝胶冻结。AF 水凝胶有效减弱了砂岩内部水分由于受温度影响,不断地进行结冰膨胀和融化收缩而加速砂岩的风化产生裂缝和粉末化作用。

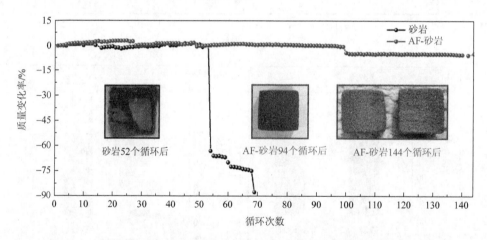

图 3-44　渗透加固型膨润土基防冻水凝胶(AF)原位保护前后的冻融老化循环

3.6.7　耐盐湿热老化对保护砂岩的影响

为了研究 AF 水凝胶保护处理后的砂岩耐盐行为进行了盐结晶湿热老化循环试验。图 3-45 为 AF 水凝胶保护后的砂岩样品的盐结晶湿热老化循环试验过程中的质量损失变化和循环过程中表面形貌变化的光学照片。空白砂岩在第 2 个循环时依旧保持比较好的形貌,在第 3 个循环泡盐水的程序结束时已经有砂岩块被完全破坏,剩余砂岩块也存在不同程度的颗粒脱落和边角破损;在第 4 个循环时,所有砂岩样品均遭受完全性的破坏。AF 水凝胶保护性处理后的砂岩，在第 5 个循环时出现轻微的边角颗粒脱落的现象，在第 7 个循环时破损逐渐明显，第 10 个循环后，所有砂岩样品均遭受到完全性的破坏。这表明，AF 水凝胶可以显著地提高砂岩的耐盐行为。

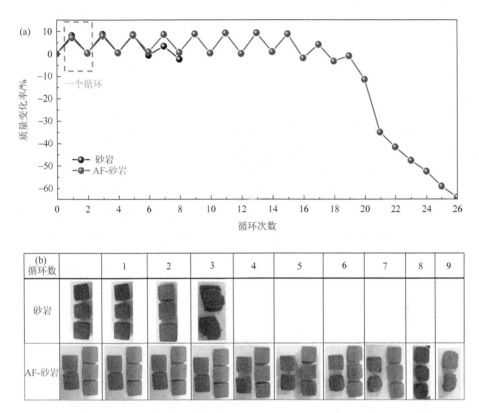

图 3-45 渗透加固型膨润土基防冻水凝胶（AF）原位保护前后的盐结晶湿热老化循环（a）及老化循环过程中的光学照片（b）

3.6.8 小结

本小节通过将改性膨润土引入水凝胶体系，成功构筑了一种能够在砂岩内部原位形成的新型膨润土基水凝胶材料——渗透加固型膨润土基防冻水凝胶（AF）体系，真正实现其对砂岩的高效加固保护。通过 FTIR、TG、XPS 和 SEM-EDS 研究了膨润土基水凝胶的化学结构、表面形貌、元素组成和自身性能（自愈合、载水性和保水性等）；对砂岩进行原位保护处理后，通过 XPS、FTIR、TG 和 SEM-EDS 研究了膨润土基水凝胶与砂岩的结合方式、化学组成以及表面形貌和元素分布的变化,通过透气性和吸水性研究了水凝胶保护材料对砂岩自身形貌和性能的影响,通过耐酸度、冻融循环以及盐结晶湿热循环研究了水凝胶材料的保护效果,同时评估研究了其在户外真实砂岩基文物的原位保护效果。研究结果小结如下所述。

(1)在 SR 水凝胶的基础上,通过控制溶剂中丙三醇的加入量,成功制备了渗透加固型膨润土基防冻水凝胶(AF),AF 水凝胶在−7℃下不结冰并提出了其防冻机理:由于丙三醇与水分子间强烈的氢键作用,阻止冰晶形成,而且丙三醇的醇链段可以固定在聚合物链上,防止水凝胶冻结。

(2)AF 水凝胶保护处理后的砂岩样品大大提高了砂岩的耐酸、耐冻融和盐结晶湿热循环的能力。空白砂岩样品在强酸(10% H_2SO_4)中浸泡约 90 min 后已经完全被破坏,AF 水凝胶保护性处理后的砂岩在强酸(10% H_2SO_4)中浸泡 4 h 后依旧保持比较完整的形貌,AF 水凝胶的耐酸度为 85.60%。冻融循环老化试验中,第 52 个循环时,空白砂岩样品完全被破坏,循环终止;而 AF 水凝胶保护性处理后的砂岩样品依旧保持完整,在经历 100 多个循环后,依旧保持完整的形貌,AF 水凝胶保护后的砂岩样品的耐冻融行为均是空白砂岩的 3 倍左右。盐结晶湿热老化循环中,经 AF 水凝胶保护性处理后的砂岩的耐盐行为是空白砂岩的 2 倍左右。

第4章　硅基含氟环氧聚合物的分子设计与其性能研究

4.1　引　　言

环氧树脂是一种高分子聚合物，分子式为$(C_{11}H_{12}O_3)_n$，是指分子中含有两个及以上环氧基团的一类聚合物的总称。活性环氧基团可与多种固化剂发生交联反应而形成三维网状高聚物。固化后的环氧树脂由于其优异的黏接性、耐热性、绝缘性、硬度、力学性以及化学稳定性等，在涂膜、黏合剂、复合材料、航空航天等领域得到广泛应用。随着科学技术的快速发展，对环氧树脂的性能要求也不断提高，如用于黏合剂的环氧树脂，除需具有出色的黏接强度之外，还要求具备一定的耐热性、良好的阻燃性、耐水性和耐老化性等。然而，环氧树脂虽具备诸多优点，但由于脆性大、耐裂纹扩展性以及耐老化性和耐水性能差等缺陷，限制了其在某些领域的应用。因此，改性环氧基聚合物成为人们关注的对象。

改性环氧基聚合物的方法分为物理改性和化学改性两类。物理改性是将环氧基聚合物与其他有机聚合物进行物理共混，以制备综合性能优良的环氧基聚合物。该方法的优点是操作简便且成本较低，但缺点是两相兼容性较差。化学改性主要包括有机硅改性、纳米粒子改性、丙烯酸改性和聚氨酯改性等几种。其中，有机硅是一类具有 Si—O—Si 结构单元的分子，具有较低的表面能和很好的耐氧化性和耐高温等性质，用有机硅改性环氧树脂可有效改善环氧树脂的断裂伸长率和热稳定性。另一种是无机纳米粒子改性环氧树脂，由于纳米粒子具有较大的比表面积和表面活性，可以有效改善环氧树脂的机械性能和热稳定性，最常见的改性环氧树脂的纳米粒子是 SiO_2 纳米粒子。

SiO_2 纳米粒子廉价易得、比表面积高，且其表面富集的羟基可以与各种硅烷偶联剂键合以合成多种 SiO_2 基聚合物杂化材料。这种方式能够有效提升 SiO_2 纳米粒子在聚合物中的分散效果，改善 SiO_2 的团聚现象。另外，SiO_2 纳米粒子由于量子隧道效应和体积效应的作用，能够与聚合物 π 键周围的电子云重叠，从而形成三维网状结构，大幅度改善聚合物的机械性能、阻燃性、耐老化性和热稳定性。因此，经常利用这种特有的结构和性能对聚合物进行改性，以提高聚合物材料的综合性能。SiO_2 表面存在大量不同状态的羟基，为其表面进行修饰提供了充足的条件。SiO_2 与聚合物界面作用主要分为物理和化学作用两大类。物理作用包括氢键作用、静电吸附和酸碱吸附。化学作用是对 SiO_2 表面进行化学修饰使得到的 SiO_2 基复合粒子更加稳定。目前最有效的改善有机无机界面相互作用的方法就是利用硅烷偶联剂对无机 SiO_2 粒子进行改性。可通过水解硅烷偶联剂中的硅烷键，将其以共价结合的方式牢固地吸附在 SiO_2 表面。也可以将硅烷偶联剂中的反应性基团的（乙烯基、酰胺基、环氧基等）与聚合物进行反应，这样就为 SiO_2 与聚合物之间建立了很好的"桥梁"关系，将二者很好地用化学键连接起来。因此将纳米粒子加入聚合物中也是改性聚合物很好的方法之一。SiO_2 基聚合物的制备方法通常分为三种：①SiO_2 直接与聚合物共混；②SiO_2 前驱体通过溶胶-凝胶法与聚合物结合；③SiO_2 通过原位聚合引入到聚合物中。在环氧聚合物中加入纳米 SiO_2，可以有效改善环氧聚合的耐热性，加之 SiO_2 纳米粒子的均匀分散，可提高环氧聚合物的韧性和机械强度。

　　第 2 章已经提到，POSS 分子尺寸通常在 1～3 nm（其结构简式为$[RSiO_{1.5}]_n$），被认为是最小尺度的 SiO_2 颗粒。POSS 基环氧聚合物的制备方法有很多种。根据有机取代基 R 的不同，目前制备 POSS 基环氧聚合物的方法有化学接枝和物理共混法两大类。首先物理共混法可分为溶液共混法和熔融共混法。溶液共混法是将 POSS 加入环氧聚合物溶液中混合均匀，而熔融共混法是先将 POSS 进行表面处理，然后与环氧聚合物混合。化学法则指通过化学键将 POSS 与聚合物相互结合在一起，包括可控的活性自由基聚合[如原子转移自由基聚合（atom transfer radical polymerization，ATRP）和可逆加成-断裂链转移聚合（reversible addition-fragmentation chain transfer polymerization，RAFT）]、乳液聚合、插层聚合、自组装以及静电纺丝等。与其他自由基聚合方法相比，ATRP 可以在本体、溶液以及非均相体系中进行反应，被认为是目前合成可控结构的 POSS 基环氧聚合物的最常用方法之一。POSS 外围的 R 基团可以作为 ATRP 的单体或者引发剂，将 POSS 引入聚合物当中。ATRP 法可以获得结构规整、分子量可控的聚合物。RAFT 是除 ATRP 外的另一种制备规整结构聚合物最常用的方法，是一种反应温度较低、适用单体种类广泛、聚合度分散指数小的可控合成方法，因此常用来制备高分子量分布较窄的聚合物。POSS 在 RAFT 法中常用作单体进行聚合，可以克服 ATRP 的低聚合度缺陷。然而单一的活性聚合有时无法获得人们期望的 POSS 基聚合物，于是就有了两种或多种聚合方法结合起来制备不同结构聚合物的方法，给 POSS 基聚合物结构的多样性提供了新思路。

　　POSS 以其特殊的结构和性能可以提高环氧树脂的热稳定性，主要表现在三个方面：①纳米尺寸效应。POSS 本身是一种特殊的有机无机纳米杂化材料，与聚合物表现出良好的生物相容性，通过共混、氢键以及范德瓦耳斯作用来限制环氧聚合物链段运动，从而提高聚合物的热稳定性。②交联作用。POSS 分子中的有机 R 基团可与环氧聚合物发生反应,以价键形式与环氧聚合物相结合,增大交联密度,提高聚合物热稳定性。③将 POSS 基聚合物加入环氧树脂中可明显提高环氧树脂的增韧性和热性能。随着 POSS 含量的增加,在室温和低温条件下,环氧树脂的断裂韧性均有所增加。为获得热稳定性和黏接性能都良好的 POSS 基聚合物黏合剂,甲基丙烯酸缩水甘油酯(GMA)以其双反应性官能团的优势进入了人们的视野,其中不饱和双键基团可以发生自由基聚合,而环氧基团又可以自身相互作用形成网络结构。但是由于 GMA 的固化性质,GMA 含量过高会引起聚集或结块而影响其成膜性能。因此控制 POSS/GMA 共聚物的含量以及成膜性和黏合性之间的平衡变得非常有意义。另外,环氧树脂虽然具备黏合强度高、易加工和耐溶剂等优点,但当其用作保护涂层时,却难以满足高透明度和渗透性的要求,随着 POSS 含量的增加,POSS 基环氧聚合物的润湿性、渗透性、黏合强度和热稳定性均有明显提高,证明了制备的 P(GMA/POSS)杂化共聚物具备作为透明涂层的潜力。

另一方面,含氟环氧聚合物的性能受含氟聚合物特点的影响性能得到显著提高。氟原子具有半径小、电负性大、极化率低等特点,使得含氟聚合物中 C—F 键键能较大,保护 C—C 不被化学环境或紫外线所破坏,因而含氟聚合物表现出优异的热稳定性、耐化学性、耐久性和耐候性。此外,C—F 键的螺旋结构减弱了含氟聚合物与其他物质之间的分子间作用力,能够显著降低表面自由能,—CF_3基团趋向于富集到基体的表面,增加了环氧聚合物的疏水疏油性,使得含氟聚合物在疏水性涂膜方面具有广泛的应用。同时,用含氟聚合物改性环氧聚合物,可将较大键能的 C—F 键引入到环氧体系中,增加环氧聚合物的耐老化性能。利用 ATRP 法将 GMA 与反应性氟化物进行自由基聚合制备得到的含氟嵌段共聚物不仅具有超疏水性能,还与基体之间具备良好的黏接性能。

通过以上分析,在保证环氧聚合物良好黏接性的前提下,对环氧聚合物进行纳米 SiO_2 粒子改性、POSS 改性、含氟聚合物改性以获得满足砂岩文物保护需求的保护材料,具有重要意义。因此,基于纳米 SiO_2 和 POSS 在改性环氧聚合物热稳定性和机械性能方面的特点,结合含氟聚合物在提高环氧聚合物的耐候性、耐水性以及耐久性方面的突出优势,本章通过设计合成了两种硅基含氟环氧聚合物,对比分析两种结构对膜表面性能、黏接性能、热稳定性以及耐久性等的影响,为获得热稳定性和耐候性良好的高疏水、强黏接双功能化材料奠定基础。内容分为三个方面:①利用溶胶-凝胶法制备 SiO_2 纳米粒子,通过氨丙基三乙氧基硅烷(APTES)和溴代异丁酰溴(BIBB)对 SiO_2 表面进行修饰,制备 ATRP 引发剂 SiO_2-Br。利用 SiO_2-Br 引发 GMA 和甲基丙烯酸十二氟庚酯(12FMA)的 ATRP 反应获得 SiO_2 基含氟环氧共聚物 SiO_2-g-(PGMA-co-P12FMA),研究共聚物的膜表面形貌、粗糙度、元素含量与表面水接触角的关系,热稳定性以及黏接耐久性。②以 POSS-(OH)$_2$ 制备小分子引发剂,采用 ATRP 法引发 GMA 和 12FMA 进行无规共聚合成 POSS 基含氟环氧共聚物 POSS-g-(PGMA-co-P12FMA)$_2$,研究小粒径 POSS 对膜透明度的影响,并研究不同溶剂如氯仿(CHCl$_3$)、四氢呋喃(THF)、二甲基甲酰胺(DMF)对聚合物的膜表面粗糙度、表面形貌、静态水接触角和黏接性能的影响。③应用制备的两种硅基含氟环氧聚合物对砂岩进行保护研究,通过对砂岩样块对聚合物材料的吸收率、保护前后砂岩样块色差、静态水接触角、透气性变化以及盐循环过程中保护样块的耐盐持久性和黏接耐久性等分析,研究 SiO$_2$-g-(PGMA-co-P12FMA)和 POSS-g-(PGMA-co-P12FMA)$_2$ 保护砂岩的可行性。

4.2　二氧化硅基含氟环氧共聚物的分子设计与性能研究

4.2.1　SiO$_2$-g-(PGMA-co-P12FMA)的设计思路与合成

本节使用"grafting from"接枝方法,以 SiO$_2$ 表面引发 ATRP(SI-ATRP)技术在 SiO$_2$ 表面接枝聚合物链。首先用 APTES 和 BIBB 对 SiO$_2$ 表面进行修饰,引入 Br 活性反应点,形成 ATRP 引发剂 SiO$_2$-Br。选用 GMA 和 12FMA 作为单体,在 THF 中进行聚合形成 SiO$_2$ 基含氟环氧共聚物 SiO$_2$-g-(PGMA-co-P12FMA)。此聚合物的设计,旨在合成一种兼具优异的疏水性和高强度黏接性的涂层材料。其中 SiO$_2$ 提供增强热性能与砂岩基体匹配性能,12FMA 提供涂层的表面性能,PGMA 提供涂层的黏接性能。

1)SiO$_2$ 纳米粒子的制备

将 250 mL 无水乙醇和 13.4 mL 氨水加入 500 mL 圆底烧瓶中,搅拌 15 min 混匀。随后加入 19.7 mL 正硅酸乙酯(TEOS),在室温下反应 24 h。反应结束后,将反应液在 8000 r/min 下高速离心 15 min,得到的沉淀物分散在乙醇中,超声 15 min 后再离心,然后再用水重复上述步骤。此纯化操作重复三次。最后,将得到的 SiO$_2$ 在 50℃下真空干燥 24 h,得到白色粉末状 SiO$_2$,产率为 77.8%。

2)SiO$_2$-Br 的制备

为了在 SiO$_2$ 纳米粒子表面接枝引发剂,首先使 SiO$_2$ 纳米粒子表面的羟基(SiO$_2$-OH)胺基化获得 SiO$_2$-NH$_2$,最终通过溴代获得引发剂 SiO$_2$-Br。具体实验步骤如下:在 250 mL 烧瓶中加入 2 g SiO$_2$ 和 60 mL 甲苯,超声 15 min,然后在冰箱中冷冻 30 min,之后通入氮气 30 min 以排除反应瓶内的空气。在 N$_2$ 氛围下将 APTES 缓慢注入烧瓶中,并将其浸入在预热好的 105℃油浴中反应 24 h。反应结束后,依次用甲苯和丙酮超声离心洗涤三次。得到表面氨基化的二氧化硅 SiO$_2$-NH$_2$ 白色粉末。进一步将干燥后的 1.5 g SiO$_2$-NH$_2$ 与 100 mL 甲苯、0.5 mL 三乙胺（TEA）以及 0.3 g 4-二甲氨基吡啶（DMAP）于 250 mL 烧瓶中混合，并将烧瓶置于冰水浴中搅拌 30 min。随后，在 30 min 内将 4 mL BIBB 缓慢滴加到上述混合物中，搅拌 24 h。反应停止后，用过量的丙酮/水混合溶液（V/V = 1/1）和甲苯/水混合溶液（V/V = 1/1）依次洗涤三次，将产物在 50℃ 下真空干燥 24 h 后得到 1.5 g 引发剂 SiO$_2$-Br，产率为 22%。具体合成路线见图 4-1。

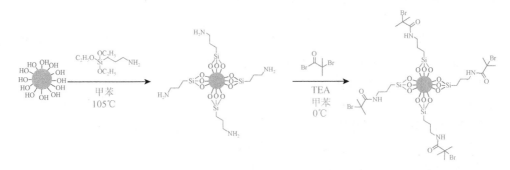

图 4-1　SiO$_2$-Br 引发剂的制备

3）SiO$_2$-g-(PGMA-co-P12FMA)的合成

利用上述得到的引发剂 SiO$_2$-Br 引发 GMA 和 12FMA 制备无规共聚物 SiO$_2$-g-(PGMA-co-P12FMA)，如图 4-2 所示。将 0.02 g CuCl（0.2 mmol），0.2 g SiO$_2$-Br（0.12 mmol）和 0.062 g 4,4′-二壬基-2,2′-联吡啶（Bpy）的混合物加入到茄形瓶中。经过三次抽真空通氮气处理之后，在 N$_2$ 气氛下将 GMA、12FMA 和 DMF 加入茄形瓶中，在 85℃ 下进行 8 h 反应后将得到的产物在甲醇中沉析以除去未反应的单体和配体。然后，将析出的沉淀溶解在 THF 中进一步提纯，并通过离心分离获得提纯产物。该纯化过程重复三次后，室温干燥得到的白色粉末为最终产品 SiO$_2$-g-(PGMA-co-P12FMA)，产率为 85%。具体配方见表 4-1。

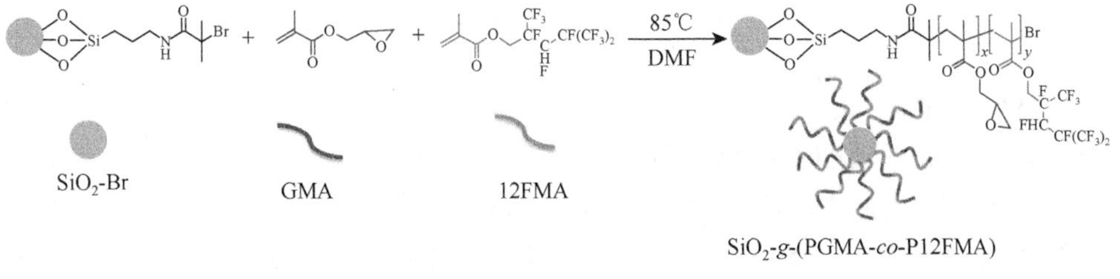

图 4-2　SiO$_2$-g-(PGMA-co-P12FMA)的合成路线

表 4-1　SiO₂-Br 引发 GMA 和 12FMA 的原料配比

样品	SiO₂-Br/mmol	GMA/mmol	12FMA/mmol	CuCl/mmol	Bpy/mmol	DMF/g
S1	0.122	10	0	0.2	0.4	6
S2	0.122	1.6	4	0.2	0.4	6
S3	0.122	10	4	0.2	0.4	6
S4	0.122	20	4	0.2	0.4	6

4.2.2　SiO₂-Br 及 SiO₂-*g*-(PGMA-*co*-P12FMA)的结构表征

为了证明已经获得 SiO₂-Br 引发剂，分别对 SiO₂、SiO₂-NH₂ 和 SiO₂-Br 进行了 XPS 元素分析和 TGA 测试。结合图 4-3 与表 4-2 可以看出，SiO₂ 样品中 C 1s（36.5%）、O 1s（55.8%）和 Si 2p（7.7%）的特征峰分别出现在 284.86 eV、532.93 eV 和 101.68 eV 处。与 SiO₂ 相比，SiO₂-NH₂ 在 399.51 eV 处多出一个 N 1s（8.5%）特征峰，证明 SiO₂ 表面成功修饰了—NH₂ 官能团。在此基础上，SiO₂-Br 在 69.95 eV 处比 SiO₂-NH₂ 多了一个 Br 3d（1.1%）特征峰，由此证明已经实现了由 SiO₂-NH₂ 向 SiO₂-Br 的转化，获得后续 ATRP 合成中使用的引发剂 SiO₂-Br。

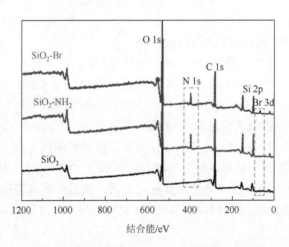

图 4-3　SiO₂、SiO₂-NH₂ 和 SiO₂-Br 的 XPS 曲线

另外，SiO₂、SiO₂-NH₂ 和 SiO₂-Br 的 TGA 曲线进一步证明了接枝密度，如图 4-4 所示。200℃之前各物质所对应的质量损失对应于空气中物理吸收的水分及其他影响。因此把 200℃时所对应 SiO₂、SiO₂-NH₂ 和 SiO₂-Br 的质量定为初始值，分别为 95.74%、95.16%和 94.20%。最终残余质量分别为 91.25%、87.50%和 83.17%。所以，SiO₂、SiO₂-NH₂ 和 SiO₂-Br 的质量损失分别为 4.69%、8.05%和

11.71%。SiO$_2$-NH$_2$ 和 SiO$_2$-Br 的质量损失高于 SiO$_2$ 的原因是 SiO$_2$-NH$_2$ 中的 APTES 和 SiO$_2$-Br 中的 APTES-BiBB 在高温下分解，间接证明 APTES 和 APTES-BiBB 成功接枝在 SiO$_2$ 表面。根据以上质量损失数据，可计算得出 SiO$_2$-NH$_2$ 和 SiO$_2$-Br 的接枝密度分别为 1.32 mmol/g 和 0.61 mmol/g。

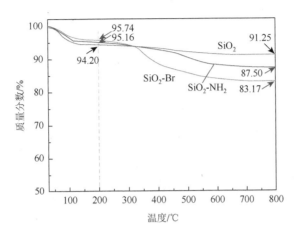

图 4-4　SiO$_2$、SiO$_2$-NH$_2$ 和 SiO$_2$-Br 的 TGA 曲线

表 4-2　SiO$_2$、SiO$_2$-NH$_2$ 和 SiO$_2$-Br 的元素组成和接枝密度

样品	元素组成/%（质量分数）					接枝密度/(mmol/g)
	C	O	Si	N	Br	
SiO$_2$	36.5	55.8	7.7	0	0	—
SiO$_2$-NH$_2$	27.5	44.4	19.6	8.5	0	1.32
SiO$_2$-Br	35.6	39.5	16.1	7.7	1.1	0.61

　　为了证明 SiO$_2$ 表面成功接枝聚合物，对 SiO$_2$ 和 SiO$_2$-g-(PGMA-co-P12FMA) 进行了 FTIR 测试，如图 4-5 所示。在 3357 cm^{-1} 处出现了一个宽峰，对应 SiO$_2$ 中 Si—OH 的缔合特征峰。另外，Si—O—Si 特征峰出现在 1050 cm^{-1} 处。而在 SiO$_2$-g-(PGMA-co-P12FMA)中，Si—OH 的特征峰消失，并且在 1370 cm^{-1} 和 1239 cm^{-1} 处出现了明显的特征峰，分别对应甲基丙烯酸酯聚合物中的 C=O 和 12FMA 中的 C—F 键。这些信号峰的消失和出现证明合成了目标产物 SiO$_2$-g-(PGMA-co-P12FMA)。

　　为了进一步证明聚合物 SiO$_2$-g-(PGMA-co-P12FMA)的化学结构，对其进行了 ^{1}H NMR 测试，如图 4-6 所示。其中，1.92 ppm（峰 a）为 PGMA 和 P12FMA 中的—CH$_2$—质子峰，0.93 ppm 和 1.10 ppm（峰 b）为—CH$_3$ 质子峰，3.80 ppm 和 4.33 ppm（峰 c）为 PGMA 中的—COOCH$_2$ 质子峰，3.25 pm（峰 d）为 GMA 中

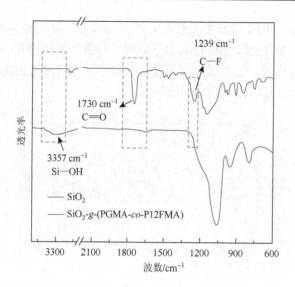

图 4-5　SiO$_2$ 和 SiO$_2$-g-(PGMA-co-P12FMA) 的 FTIR 谱图

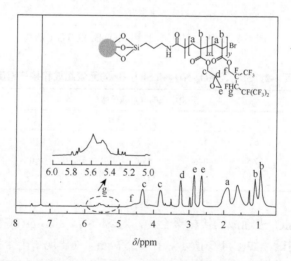

图 4-6　SiO$_2$-g-(PGMA-co-P12FMA) 的 ^{1}H-NMR 图谱

的环氧基团上的—CH 质子峰，2.65 ppm 和 2.85 pm（峰 e）对应的是 GMA 中环氧基团上的—CH$_2$ 质子峰，4.57 ppm（峰 f）为 12FMA 中的—COOCH$_2$ 质子峰，5.56 ppm（峰 g）为 12FMA 中的—CHF 质子峰。由以上 H 质子特征峰可以说明制备获得了 SiO$_2$-g-(PGMA-co-P12FMA)。

图 4-7 为 SiO$_2$ 和 SiO$_2$-g-(PGMA-co-P12FMA) 的 TEM 图。与未经接枝的均匀球形 SiO$_2$ 纳米颗粒（110 nm±10 nm）相比，SiO$_2$-g-(PGMA-co-P12FMA) 在圆球核外围呈现出明显的聚合物壳层结构，该外围壳层轮廓厚度约为 8 nm±2 nm，对

应的物质为 PGMA-*co*-P12FMA，整个核壳结构的尺寸为 120 nm±10 nm。从而间接证明 SiO₂ 表面成功接枝聚合物 PGMA-*co*-P12FMA。

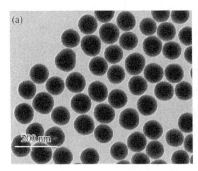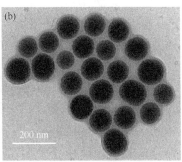

图 4-7　SiO₂（a）和 SiO₂-*g*-(PGMA-*co*-P12FMA)（b）的 TEM 照片

表 4-3 为 S1～S4 的 GMA 与 12FMA 的含量及分子量。对于 S2～S4，采用 ¹H NMR 与 XPS 相结合的方式来计算分子量。参见图 4-8（a）中各样品的 XPS 测试可得到 F 和 Br 的元素含量比，由此计算得到 12FMA 的含量。依据 ¹H NMR 中 GMA 和 12FMA 特征峰的积分比，可得 GMA 的含量。对于 S1，可根据 S1 与 S3 在 ¹H NMR 中 GMA 的峰面积比值来计算。结果显示，S1 中 GMA 含量最高为 71.2 mol，而 S3 的分子量最高，为 14079。这是因为在 S2～S4 中，S3 的 GMA 和 12FMA 含量最高，分别为 56.9 mol 和 15.0 mol。

表 4-3　S1～S4 的 GMA 和 12FMA 含量及分子量

样品	n(GMA)/n(12FMA)		n(GMA)/mol	n(12FMA)/mol	M_n
	理论值	测量值（¹H NMR）			
S1	—	—	71.2	—	10110
S2	0.4	0.71	9.7	13.6	6817
S3	2.5	3.79	56.9	15.0	14079
S4	5	3.02	19.9	6.6	5465

4.2.3　膜表面化学组成与形貌对润湿性能的影响

SiO₂-*g*-(PGMA-*co*-P12FMA)粉末及其涂膜的 XPS 能谱测试如图 4-8（a）所示，S2～S4 样品粉末及涂膜表面的化学组成相同，在 284.3 eV、533.2 eV、101.7 eV 和 688.4 eV 处分别观察到了 C 1s、O 1s、Si 2p 和 F 1s 的特征峰。但各元素含量有差别，具体数值见表 4-4。结果显示，S2～S4 薄膜中的 F 含量（11.1%～53.4%，质量分数，下同）高于其相应的粉末样品中 F 含量（7.9%～23.4%），而且，S3

中膜表面较其粉末 F 含量的增加量（增加 228.2%）明显高于 S2（增加 182.7%）和 S4（增加 140.5%）。说明在成膜过程中，SiO₂-*g*-(PGMA-*co*-P12FMA)中的含氟官能团 P12FMA 向表面迁移，造成表面含氟量增加，且样品 S3 中 P12FMA 含量最高，导致膜表面 F 元素含量最高。为了印证该结论，对 S3 样品粉末和膜表面的 C 元素进行分峰，分别列于图 4-8（b）和（c）。首先，在 293.9 eV、289.3 eV 和 286.5 eV 处分别出现了 C—F、O—C=O 和 C—O 的特征峰，证明 12FMA 在共聚物中的存在。其次，S3 涂膜表面的 C—F 键特征峰高于其粉末中 C—F 键峰，证明样品在成膜过程中，含氟链段的表面迁移。

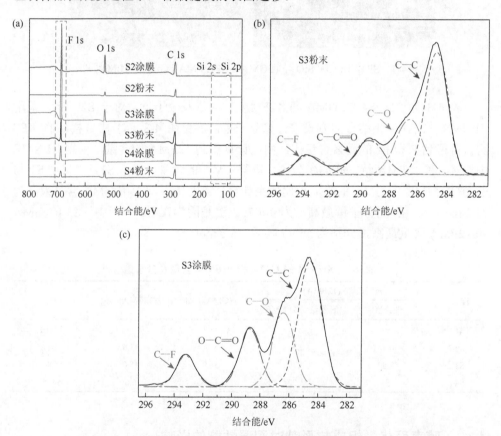

图 4-8　SiO₂-*g*-(PGMA-*co*-P12FMA)（S2～S4）粉末及膜的 XPS 曲线（a）；样品 S3 粉末（b）与膜表面（c）的 C 元素分峰图

　　实际上，在成膜过程中含氟链段表面迁移的现象会直接影响膜表面的形貌和粗糙度。因此对 S1～S4 进行了原子力电子显微镜（AFM）测定，图 4-9 为各样品 AFM-3D 表面形貌，膜表面的粗糙度见表 4-4。为了对比分析，首先对不含有含氟链段的样品 S1（SiO₂-*g*-PGMA）进行讨论。S1 膜表面分布着一些均匀的凸起，

其表面粗糙度 $R_a = 0.76$，静态水接触角 SCA = 90°以及表面自由能 $\gamma_s = 29.1$ mN/m。尽管 S2～S4 膜表面中同样分布着很多明显的凸起和凹陷，但 S2～S4 的膜表面粗糙度（0.92～3.5 nm）和静态水接触角（114°～119°）都高于 S1，因此，表面自由能（12.4～15.1 mN/m）低于 S1。另外，S3 膜表面显示出更明显的凸凹不平结构，获得最大表面粗糙度最（$R_a = 3.5$）和最大静态水接触角（SCA = 119°），以及最低表面自由能（$\gamma_s = 12.4$ mN/m）。这些结果表明，随着 SiO$_2$-g-(PGMA-co-P12FMA) 膜表面 F 元素含量的增加，表面粗糙度增加，表面自由能降低，静态水接触角增大，疏水效果相应增加。

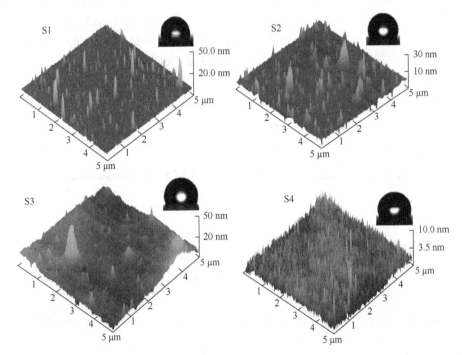

图 4-9　SiO$_2$-g-PGMA（S1）和 SiO$_2$-g-(PGMA-co-P12FMA)（S2～S4）的 AFM 图及静态水接触角

表 4-4　S1～S4 中 F 和 Si 元素含量、水接触角、粗糙度和膜表面自由能

| 样品 | 元素组成/（%，质量分数） | | | | SCA/(°) | R_a/nm | γ_s/(mN/m) |
| | F | | Si | | | | |
	粉末	涂膜	粉末	涂膜			
S1	—	—	—	—	90	0.76	29.1
S2	14.7	26.8	11.2	3.1	116	1.26	13.6
S3	23.4	53.4	4.3	0.0	119	3.50	12.4
S4	7.9	11.1	10.5	1.9	114	0.92	15.1

4.2.4 膜表面吸附水的动态过程与表面结构的关系

SiO$_2$-g-PGMA 和 SiO$_2$-g-(PGMA-co-P12FMA)在 THF 中成膜的水吸附曲线和膜的黏弹态测试如图 4-10 所示。其中，$\Delta m = k\Delta f[k = -5.9 \text{ ng/(Hz·cm}^2)]$代表水的吸附量，$\Delta D/\Delta f$ 代表膜的黏弹态（$\Delta D/\Delta f$ 值越大，膜结构越软）。

图 4-10（a）是 SiO$_2$-g-PGMA 在 THF 中成膜的 QCM-D 曲线，可以看出，Δf 和 ΔD 在 7 min 后达到平衡，最终获得稳定的水吸附量[$\Delta m = 6153.7 \text{ ng/(Hz·cm}^2)$]和较软的黏弹态（$\Delta D/\Delta f = -0.271$）。而 SiO$_2$-$g$-(PGMA-$co$-P12FMA) [图 4-10（b）]的水吸附量 $\Delta m = 2478 \text{ ng/(Hz·cm}^2)$，且其膜层结构较为坚硬（$\Delta D/\Delta f = -0.379$）。这是因为 S3 的膜表面含有较高的氟含量，具有更好的排斥水的作用，从而导致 S3 的水吸附量远低于 S1。因为 S1 膜层中吸水量较大，故使得其黏弹态较为松软。进一步说明 12FMA 的存在增加了薄膜的疏水性能。

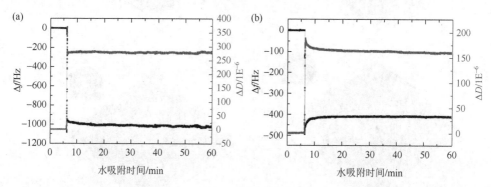

图 4-10   SiO$_2$-g-PGMA（a）和 SiO$_2$-g-(PGMA-co-P12FMA)（b）的 QCM-D 曲线

4.2.5 SiO$_2$-g-(PGMA-co-P12FMA)的黏接性能及耐久性

研究中设计聚合物 SiO$_2$-g-(PGMA-co-P12FMA)的宗旨是制备出兼具良好表面疏水特性和优异黏接性的双功能材料，从而克服一些传统的环氧聚合物耐水性差的缺点。由于 SiO$_2$-g-(PGMA-co-P12FMA)中含有大量的 PGMA，环氧基团开环后与基体结合，将会显示出优异的黏接性能。因此，图 4-11 中评估了 S1～S4 四个样品的黏接强度。结果显示，S1（SiO$_2$-g-PGMA）的黏接强度最高，为 1.92 MPa，这是因为 S1 的 PGMA 含量最高，环氧基团与玻璃片表面上的 Si—OH 反应形成化学键，体现出很强的黏接强度。S2～S4[SiO$_2$-g-(PGMA-co-P12FMA)] 的黏接强度分别为 1.67 MPa、1.82 MPa 和 1.66 MPa，数值略低于 S1。该现象可以用两种黏接机理解释：其一，化学键理论，即黏合剂分子与基质表面反应形成化学键而实现黏接；其二，扩散理论，即共聚物的黏接是由于黏合剂与基质表面分子之间不断的热运动而引起的相互扩散，在此过程中，黏合剂和基质之间的界面逐渐消失，形成一种相互交织的强大纽带，从而实现黏接。一般情况下，由扩散理论引起的黏接强度弱于化学键理论引起的黏接强度。在 SiO_2-g-(PGMA-co-P12FMA)的黏接性能中，PGMA 的黏接属于化学键理论，而 P12FMA 的黏接属于扩散理论，因此 S2～S4 的黏接强度弱于 S1。另外，对于 S2～S4 三个样品，S3 显示出最高的黏接强度，为 1.82 MPa，这是由于 S3 中 GMA 含量高于 S2 和 S4（表 4-1）。即环氧基团越多，与被黏基体之间形成的化学键也越多，黏合更加牢固。

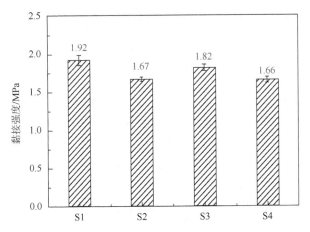

图 4-11　SiO_2-g-(PGMA-co-P12FMA)样品 S1～S4 的黏接强度

在实际应用中，由于受到外界因素影响，有些黏合剂的黏接效果会逐渐变差。为了检验 SiO_2-g-(PGMA-co-P12FMA)黏接效果的耐久性，对样品 S1 和 S3 分别进行了 30 个湿热老化循环（HTA）测试，如图 4-12 所示。结果发现，在经历 20 个循环之后，S3 的黏接强度从 1.82 MPa 增加到 1.88 MPa（相对增加 3.16%），但是 S1 从 1.92 MPa 减少到 1.66 MPa（相对减少 13.83%）。而在经历 30 个 HTA 测试后，S3 的黏接强度的耐久性仍然比要 S1 好得多。对于 S3，黏接强度从 1.82 MPa 增加到 1.86 MPa（相对增加 1.75%），但是 S1 从 1.92 MPa 减少到 1.72 MPa（相对减少 10.67%）。总体来说，S3 的黏合强度保持在 1.82 MPa 左右，而 S1 的黏接强度从 1.92 MPa 降低到 1.56 MPa（相对降低 18.7%）。说明 P12FMA 在不影响黏接强度的前提下，赋予了 SiO_2-g-(PGMA-co-P12FMA)优异的耐老化性。

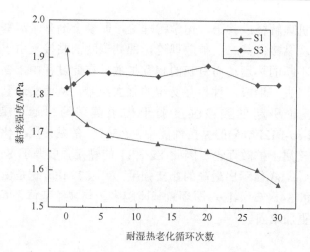

图 4-12　S1 和 S3 经历 30 个湿热循环（HTA）后的黏接强度

4.2.6　SiO$_2$-g-(PGMA-co-P12FMA)的热稳定性

由 SiO$_2$-g-(PGMA-co-P12FMA)的 TGA 测定结果分析其热稳定性能,以 SiO$_2$-g-PGMA 作为对比,如图 4-13 所示。为突出 SiO$_2$ 在聚合物中的影响,同样将用小分子引发剂溴代乙丁酸乙酯（EBIB）引发 GMA 和 12FMA 合成的 E-g-(PGMA-co-P12FMA)作为对比。将 TGA 曲线降解的最大斜率处的温度和质量降解 10%时的温度分别定义为 T_b 和 $T_{10\%}$。可以看到三个样品均表现出两个热降解过程。其中 SiO$_2$-g-(PGMA-co-P12FMA)的第一个降解过程位于 226~341℃之间,T_{b1} = 321℃,

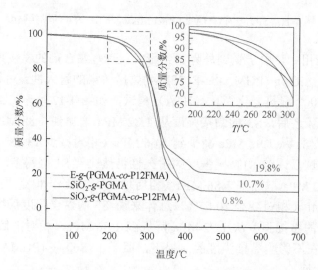

图 4-13　SiO$_2$-g-(PGMA-co-P12FMA)、E-g-(PGMA-co-P12FMA)和 SiO$_2$-g-PGMA 的 TGA 曲线

对应的是 PGMA-*co*-P12FMA 骨架的降解。第二个降解过程在 341~439℃之间，$T_{b2} = 400℃$，是环氧开环后 C—O—C 网络结构的降解。而 E-*g*-(PGMA-*co*-P12FMA) 的 $T_{b1} = 309℃$、$T_{b2} = 380℃$，明显小于 SiO$_2$-*g*-(PGMA-*co*-P12FMA)。SiO$_2$-*g*-PGMA 的 $T_{b1} = 313℃$、$T_{b2} = 390℃$，也小于 SiO$_2$-*g*-(PGMA-*co*-P12FMA)。说明 SiO$_2$-*g*-(PGMA-*co*-P12FMA)中 SiO$_2$ 和 P12FMA 都可以明显提高共聚物的热稳定性。另外，SiO$_2$-*g*-(PGMA-*co*-P12FMA)的 $T_{10\%} = 275℃$，而 E-*g*-(PGMA-*co*-P12FMA)的 $T_{10\%} = 266℃$，SiO$_2$-*g*-PGMA 的 $T_{10\%} = 252℃$。这些数据进一步表明 SiO$_2$ 和 12FMA 的加入提高了共聚物的热稳定性能。另外，由于 SiO$_2$-*g*-(PGMA-*co*-P12FMA)中无机 Si—O—Si 网络骨架不降解，故质量损失为 89.3%，低于 E-*g*-(PGMA-*co*-P12FMA)（99.2%），但 P12FMA 链段的降解使其质量损失多于 SiO$_2$-*g*-PGMA（80.2%）。

4.2.7　小结

本节通过 SI-ATRP 法获得共聚物 SiO$_2$-*g*-(PGMA-*co*-P12FMA)，研究了聚合物的化学结构、成膜表面疏水性能、黏接性能以及黏接耐久性和热稳定性能。具体结果如下所述。

（1）利用溶胶-凝胶法合成尺寸均一的（110±10）nm SiO$_2$ 纳米粒子。通过 APTES 和 BIBB 对 SiO$_2$ 进行表面修饰，使其表面包覆上 Br 原子，从而成功制备 ATRP 引发剂 SiO$_2$-Br。进一步利用 SiO$_2$-Br 引发 GMA 和 12FMA 进行 SI-ATRP 反应获得 SiO$_2$-*g*-(PGMA-*co*-P12FMA)，形貌为（120±10）nm 的核壳结构。

（2）SiO$_2$-*g*-(PGMA-*co*-P12FMA)在成膜过程中，含氟官能团向膜表面迁移。F 元素含量越高（53.4%），表面粗糙度越大（$R_a = 3.5$ nm），表面自由能越低（$\gamma_s = 12.4$ mN/m），疏水效果越好（SCA = 119°）。SiO$_2$-*g*-(PGMA-*co*-P12FMA)具有良好的黏接及耐久性。GMA 中的环氧基团可与被黏基体上的 Si—OH 发生反应形成化学键，且 GMA 含量越高，黏接强度越大。最大黏接强度为 1.82 MPa。并且在经历 30 个老化循环后，黏接强度仍然维持在初始值水平左右。SiO$_2$ 与 P12FMA 的存在提升了 SiO$_2$-*g*-(PGMA-*co*-P12FMA)的热性能。其第二个降解过程在 341~439℃之间，$T_b = 400℃$。

4.3　POSS 基含氟环氧聚合物的合成及性能研究

4.3.1　POSS-*g*-(PGMA-*co*-P12FMA)$_2$ 的分子设计与合成

由于无机 SiO$_2$ 纳米颗粒粒径大，容易与有机聚合物链段发生相分离，因此，SiO$_2$ 基含氟环氧共聚物 SiO$_2$-*g*-(PGMA-*co*-P12FMA)成膜后透明度较差。本节试图缩小 SiO₂ 尺寸，基于第 2 章介绍的 POSS 化学结构特点（1～3 nm，被视为最小的 SiO₂），因此用 T₈ 结构的笼型聚倍半硅氧烷 POSS-(OH)₂ 来代替 SiO₂，POSS-(OH)₂ 外围含两个活性基团—OH，可与 BIBB 反应生成 ATRP 引发剂 POSS-Br₂。接着利用该引发剂引发 GMA 和 12FMA 进行 ATRP 反应，合成 POSS 基含氟环氧聚合物 POSS-*g*-(PGMA-*co*-P12FMA)₂。

1）POSS-Br₂ 的制备

ATRP 引发剂 POSS-Br₂ 的合成路线如图 4-14 所示。将 POSS-(OH)₂（4.75 g，5 mmol）、TEA（1.67 g，16.5 mmol）、DMAP（2 g，16.5 mmol）和 THF（80 mL）加入到 250 mL 的圆底烧瓶中。在冰浴条件下搅拌 30 min。然后用注射器向反应瓶中缓慢滴加 BIBB（2.53 g，11 mmol），继续反应 24 h。

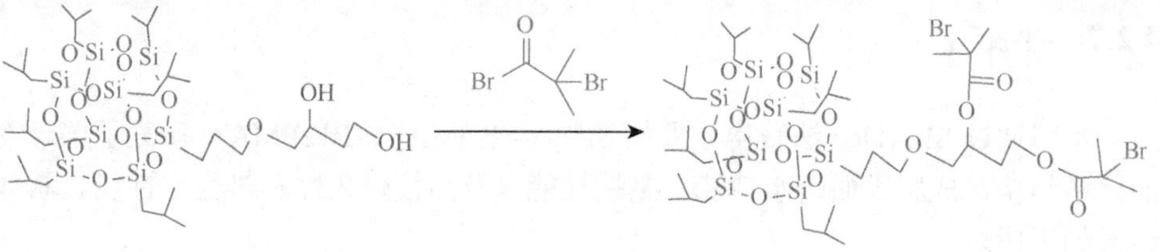

图 4-14　POSS-Br₂ 的合成路线

反应结束后，将得到的乳白色悬浊液经离心、过滤等操作收集上层清液，旋蒸去除溶剂 THF。将旋蒸后的粗产物溶于 CH₂Cl₂ 中，然后用饱和 NaHCO₃ 溶液洗涤，去除反应生成的盐等杂质。用无水 MgSO₄ 干燥、过滤、旋蒸去除溶剂 CH₂Cl₂，得到的产物在 50℃ 真空干燥箱中干燥 24 h。最终得到白色粉末 POSS-Br₂，产率为 79%。

2）POSS-*g*-(PGMA-*co*-P12FMA)₂ 的合成

利用引发剂 POSS-Br₂ 引发 GMA 和 12FMA 制备共聚物 POSS-*g*-(PGMA-*co*-P12FMA)₂。合成路线如图 4-15 所示。将 CuCl（0.01 g，0.1 mmol）、POSS-Br₂（0.0623 g，0.05 mmol）和 Bpy（0.031 g，0.2 mmol）的混合物加入到茄形瓶中，在三次抽真空通氮气之后，在 N₂ 氛围下将 GMA（1.42 g，10 mmol）、12FMA（1.6 g，4 mmol）和 6 g THF 加入到茄形瓶中。85℃ 条件下反应 8 h。将得到的粗产物用 THF 稀释，经装有中性氧化铝的砂芯漏斗过滤，去除 Cu²⁺ 配位化合物。然后旋蒸去除溶剂 THF，将白色黏稠的旋蒸产物滴在甲醇中沉析，以除去未反应的单体和配体。沉析物经过滤后，将其置于 50℃ 真空干燥箱中干燥 24 h，最终得到白色固体产物 POSS-*g*-(PGMA-*co*-P12FMA)₂。为了突出 POSS-*g*-(PGMA-*co*-P12FMA)₂（S2～S4）的性能优势，按照上述方法合成了 POSS-*g*-(PMMA-*co*-P12FMA)₂ 和 POSS-*g*-(PGMA)₂。分别以 S1 和 S5 命名。具体配方列于表 4-5。

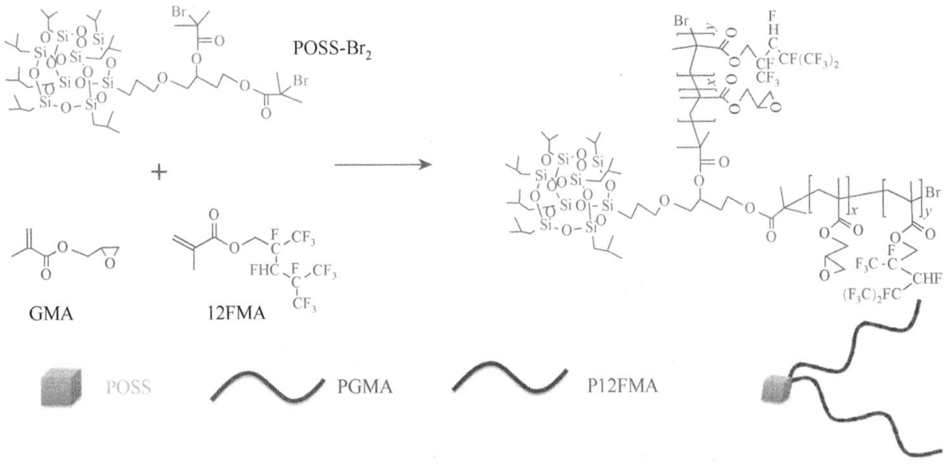

图 4-15　POSS-*g*-(PGMA-*co*-P12FMA)₂ 的合成路线

表 4-5　POSS-*g*-(PMMA-*co*-P12FMA)₂（S1）、POSS-*g*-(PGMA-*co*-P12FMA)₂（S2～S4）和 POSS-*g*-(PGMA)₂（S5）的合成配方

样品	POSS-Br₂/mmol	GMA/mmol	MMA/mmol	12FMA/mmol	CuCl/mmol	Bpy/mmol	THF/g
S1	0.05	0	20	4	0.1	0.2	6
S2	0.05	4	0	4	0.1	0.2	6
S3	0.05	10	0	4	0.1	0.2	6
S4	0.05	20	0	4	0.1	0.2	6
S5	0.05	20	0	0	0.1	0.2	6

4.3.2　POSS-*g*-(PGMA-*co*-P12FMA)₂ 的结构表征

为了证明 POSS-Br₂ 结构，对 POSS-(OH)₂ 和 POSS-Br₂ 进行了 ¹H NMR 测试。如图 4-16 所示，POSS-(OH)₂ 有如下特征峰出现：0.62 ppm（峰 a）为异丙基上亚甲基—CH₂—质子峰，1.88 ppm（峰 b）为异丙基上次甲基—CH—质子峰，0.98 ppm（峰 c）为异丙基上甲基—CH₃ 质子峰，3.45～3.88 ppm（峰 d、e、f）处为 POSS-(OH)₂ 中的—CH₂—质子峰簇，2.15 ppm（峰 g）处的宽峰为—OH 质子峰。对于 POSS-Br₂，与 POSS-(OH)₂ 相似，在峰 a、b、c、d、e、f 处均有特征峰出现。但是 g 处的—OH 质子峰明显变弱，这是因为 POSS-(OH)₂ 在与 BIBB 作用过程中，—OH 与—C=O 发生了反应。另外，在 1.97 ppm（峰 h）处出现了引发剂中的甲基—CH₃ 质子峰。以上 H 质子特征峰的存在说明 POSS-Br₂ 制备成功。

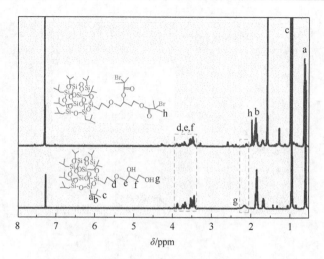

图 4-16　POSS-(OH)$_2$ 和 POSS-Br$_2$ 的 ^{1}H NMR 图谱

图 4-17 为 POSS-(OH)$_2$ 和 POSS-g-(PGMA-co-P12FMA)$_2$ 的 FTIR 图谱。其中 POSS-(OH)$_2$ 在 3393 cm^{-1} 处出现了一个宽峰，对应的是—OH 的缔合特征峰，但在 POSS-g-(PGMA-co-P12FMA)$_2$ 中，该特征峰消失。POSS-g-(PGMA-co-P12FMA)$_2$ 在 1733 cm^{-1} 处出现了一个很强的特征峰，对应于 PGMA 和 P12FMA 中的 C=O 峰。1297cm^{-1} 处的特征峰对应的是 P12FMA 中的 C—F 键。这些信号峰的消失和出现证明了 POSS-g-(PGMA-co-P12FMA)$_2$ 的成功合成。

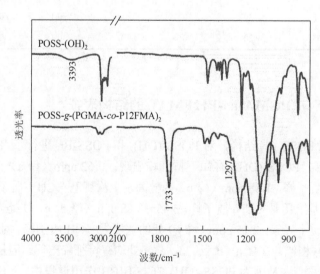

图 4-17　POSS-(OH)$_2$ 和 POSS-g-(PGMA-co-P12FMA)$_2$ 的 FTIR 图谱

图 4-18（a）为 S1～S5 的 ^{1}H NMR 图谱。对于 POSS-g-(PGMA-co-P12FMA)$_2$

（S2～S4），有如下特征峰出现：1.96 ppm（峰 a）为亚甲基—CH$_2$—质子峰，0.95 ppm 和 1.11 ppm（峰 b）为甲基—CH$_3$ 质子峰，3.84 ppm 和 4.32 ppm（峰 c）为 PGMA 中亚甲基—CH$_2$ 质子峰，3.26 ppm（峰 d）处为 PGMA 中环氧基团上的—CH—质子峰，2.65 ppm 和 2.87 ppm（峰 e）对应的是 PGMA 中环氧基团上的—CH$_2$—质子峰。4.53 ppm（峰 f）和 5.54 ppm（峰 g）分别为 P12FMA 中的—CH$_2$—和—CHF—质子峰。对于 S1[POSS-g-(PMMA-co-P12FMA)$_2$]，不含 GMA，因此并没有出现上述的 c、d、e 特征峰。而 S5[POSS-g-(PGMA)$_2$]中不含 12FMA，故未出现 f 和 g 处的特征峰。上述所有特征峰的出现证明 POSS-g-(PMMA-co-P12FMA)$_2$、POSS-g-(PGMA-co-P12FMA)$_2$ 和 POSS-g-(PGMA)$_2$ 三种聚合物成功合成。为了进一步佐证聚合物 POSS-g-(PGMA-co-P12FMA)$_2$ 制备成功，选用 S4 样品，对其进行 ^{19}F NMR 测试，如图 4-18（b）所示，在−75.72 ppm 和−72.05 ppm 之间出现了 F 原子的多重峰，证明成功合成了 POSS-g-(PGMA-co-P12FMA)$_2$。

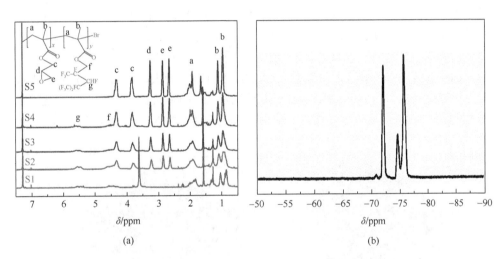

图 4-18　S1～S5 的 ^{1}H NMR 图谱（a）和 S4 的 ^{19}F NMR 图谱（b）

表 4-6 列出了用 XPS 测得的 S1～S5 中 Br 和 F 元素的含量，将 ^{1}H NMR 与 XPS 相结合，得到各样品中 GMA 和 12FMA 的含量。从表 4-6 可知，S1～S5 中 GMA 含量逐渐增多，S5 中最多为 131 mol，与 ^{1}H NMR 测得的结果一致。

表 4-6　S1～S5 的 Br 和 F 元素含量以及 GMA 和 12FMA 含量

样品	元素组成/(%，质量分数)		n(GMA)：n(12FMA)		n(GMA)/mol	n(12FMA)/mol
	Br	F	理论值	测量值（^{1}H NMR）		
S1	0.07	24.07	0	0	0	29
S2	0.09	29.81	1	1.18	33	28

续表

样品	元素组成/(%, 质量分数)		$n(GMA)$: $n(12FMA)$		$n(GMA)$/mol	$n(12FMA)$/mol
	Br	F	理论值	测量值（^{1}H NMR）		
S3	0.08	21.62	2.5	3.1	70	23
S4	0.05	13.17	5	5.22	115	22
S5	0.06	0	0	0	131	0

4.3.3　溶剂对膜表面形貌与化学组成的影响

本节重点研究不同溶剂（CHCl$_3$、THF、DMF）对聚合物表面形貌与化学组成的影响。图 4-19 为 POSS-g-(PGMA-co-P12FMA)$_2$ 和 POSS-g-(PGMA)$_2$ 在三种溶剂中的表面形貌及粗糙度。可以看出：①在 CHCl$_3$ 溶剂中，样品 S4 的膜表面显示出更大的凸起，而 S5 膜表面形貌较为平整。且 S4 的膜表面粗糙度（R_a = 1.90 nm）显然大于 S5（R_a = 0.365 nm）。这是由于 S4 中含有 12FMA，含氟链段在成膜过程中会向表面发生迁移，从而造成膜表面自由能低，粗糙度增加。②对于同一样品 S4，CHCl$_3$ 溶剂中的膜表面形貌起伏较 THF 和 DMF 中大，且 CHCl$_3$ 溶剂中的膜表面粗糙度（R_a = 1.90 nm）明显高于其他两种溶剂（在 THF 中 R_a = 1.13 nm，在 DMF 中 R_a = 0.836 nm）。造成这个现象的原因是溶剂的挥发速度影响了含氟链段

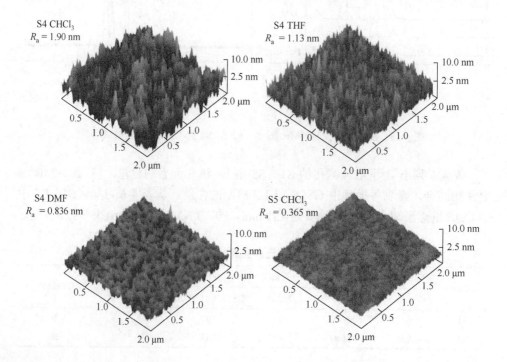

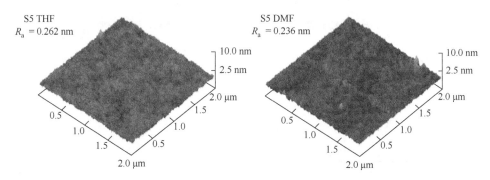

图 4-19　POSS-*g*-(PGMA-*co*-P12FMA)$_2$（S4）和 POSS-*g*-(PGMA)$_2$（S5）在不同溶剂中
（CHCl$_3$、THF、DMF）的表面形貌及粗糙度

的表面迁移速率。CHCl$_3$、THF、DMF 的沸点分别为 61℃、66℃和 153℃。CHCl$_3$
较大的挥发速度提供了含氟链段更大的迁移速率，从而使得膜表面粗糙度最大。
而 DMF 挥发速度最慢，因此表面粗糙度最小。

　　为了证实以上推断的正确性，对 S4 样品的粉末及其在三种溶剂中成膜进行了
XPS 测试，如图 4-20 所示，数据列于表 4-7。从图 4-20（a）可以看出，粉末和三个
膜在 689 eV、533 eV、283 eV 和 102 eV 处出现了 F 1s、O 1s、C 1s 和 Si 2p 的
特征峰。另外，对粉末及 DMF 膜的 C 元素进行了 XPS 分峰［图 4-20（b）］，
在 293 eV、289 eV、286 eV 和 284 eV 处分别出现了 C—F、O—C＝O、C—O
和 C—C 的特征峰。粉末中 C—F 键峰明显弱于膜表面的 C—F 键峰。从表 4-7 中也
可以看出粉末中的 F 元素含量低于膜表面的 F 元素含量，再次证明聚合物在成膜过
程中，F 元素向表面迁移的事实。CHCl$_3$ 对应的 F 元素含量（质量分数）为 41.97%，
高于 THF（41.80%）和 DMF（36.87%），证明 CHCl$_3$ 溶剂有利于 F 元素的表面迁移。

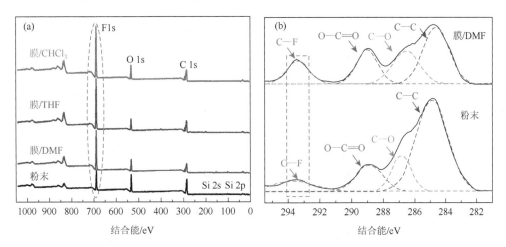

图 4-20　S4 粉末与不同溶剂中的 XPS 图谱（a）；S4 粉末及膜表面（DMF）中的 C 元素分峰（b）

表 4-7　S4 粉末及其在不同溶剂中成膜后的 XPS 元素组成

样品（S4）	元素组成/(%，质量分数)				
	C	O	F	Br	Si
粉末	55.01	23.40	17.83	0.29	3.47
膜（CHCl₃）	39.36	17.11	41.97	0.27	1.29
膜（THF）	40.11	14.96	41.80	0.64	2.49
膜（DMF）	38.65	18.20	36.87	0.26	6.02

表 4-8 列出了 POSS-g-(PMMA-co-P12FMA)$_2$（S1）、POSS-g-(PGMA-co-P12FMA)$_2$（S2～S4）和 POSS-g-(PGMA)$_2$（S5）五个样品在不同溶剂（CHCl₃、THF、DMF）中的静态水接触角和表面自由能。可以看出，在 POSS-g-(PMMA-co-P12FMA)$_2$（S1）和 POSS-g-(PGMA-co-P12FMA)$_2$（S2～S4）中，SCA 值均保持在 100°以上，表面自由能也在相对较低水平（19.4～22.3 mN/m）。而 POSS-g-(PGMA)$_2$（S5）由于不含 12FMA，其 SCA 却在 90°左右，远低于前四个样品，表面自由能相对较大（30.4 mN/m）。同样说明 12FMA 的引入赋予了聚合物良好的表面疏水性能。每个样品在 CHCl₃ 膜中的静态水接触角值均大于 THF 和 DMF，而表面自由能低于其他两种溶剂，同样是由于 CHCl₃ 溶剂更有利于 F 元素向表面迁移导致，与 AFM 和 XPS 所的结论一致。

表 4-8　S1～S5 在不同溶剂（DMF、THF 和 CHCl₃）中的 SCA 和表面自由能

样品	溶剂	SCA/(°)	γ_s/(mN/m)
S1	DMF	105	19.9
	THF	106	19.4
	CHCl₃	109	17.5
S2	DMF	103	21.1
	THF	105	19.9
	CHCl₃	105	19.9
S3	DMF	101	22.3
	THF	103	21.1
	CHCl₃	106	19.4
S4	DMF	100	23.4
	THF	101	22.3
	CHCl₃	105	19.9
S5	DMF	88	30.4
	THF	90	29.1
	CHCl₃	90	29.1

4.3.4　溶剂对黏接性能的影响及黏接耐久性

图 4-21 为 POSS-*g*-(PGMA-*co*-P12FMA)$_2$（S2~S4）样品在不同溶剂（CHCl$_3$、THF、DMF）中的黏接强度。POSS-*g*-(PMMA-*co*-P12FMA)$_2$（S1）和 POSS-*g*-(PGMA)$_2$（S5）用作对比分析。从图 4-21 可以看出，对于同一样品，CHCl$_3$ 为溶剂的黏接强度最大，DMF 用作溶剂时的黏接强度最小。例如样品 S4，用 DMF 作溶剂进行黏接的强度为 0.44 MPa，远低于 THF（2.47 MPa）和 CHCl$_3$（2.59 MPa）。对于其他样品，仍然存在同样的规律，DMF 用作溶剂时的黏接强度远远弱于其他两种溶剂。这是由于 DMF 沸点高达 153℃，挥发速度慢，影响了黏合剂自身的内聚力，从而导致聚合物的黏接力急剧下降。而 CHCl$_3$ 的沸点最低，挥发速度最快，胶层中残余溶剂量最少，故黏接力也最大。

对于不同的样品，当以 CHCl$_3$ 为溶剂进行黏接时，由于 POSS-*g*-(PMMA-*co*-P12FMA)$_2$（S1）中不含 GMA，故其黏接强度最弱为 0.59 MPa。对于 POSS-*g*-(PGMA-*co*-P12FMA)$_2$（S2~S4），S4 的黏接强度（2.59 MPa）远大于 S2（1.62 MPa）和 S3（1.97 MPa），这是由于 S4 的 GMA 含量（115 mol）高于 S2（33 mol）和 S3（70 mol）（表 4-6）。而 POSS-*g*-(PGMA)$_2$（S5）的黏接强度最高为 2.68 MPa，因为 S5 中 GMA 含量最高，PGMA 黏接是由环氧基团与基体之间形成的化学键发挥作用，而化学键的强度要远高 P12FMA 的扩散作用强度，这个结果与 4.2 节得出的结论一致。

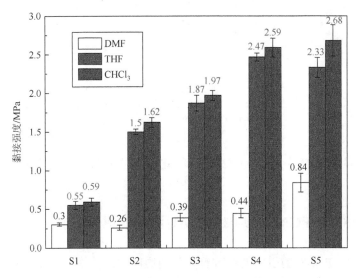

图 4-21　S1~S5 在不同溶剂中的黏接强度

　　黏合剂一般由主体材料和辅助材料组成。主体材料是黏合剂的主要成分，能起到黏合作用。辅助材料是黏合剂中用以改善主体材料性能或便于施工而加入的物质，主要有固化剂、增塑剂、填料和溶剂等。溶剂的主要作用就是降低黏合剂的黏度，便于涂布，增加黏合剂的润湿能力和分子活动能力，提高黏合剂的流平性，避免黏合剂层薄厚不匀。在黏合剂组分中，溶剂作为暂时性组分在黏接过程中要挥发掉，但溶剂挥发速度的快慢会影响黏接强度。若溶剂挥发太慢，胶层中残余溶剂量增多，胶黏剂内聚力减弱，从而降低黏接强度，影响黏接质量。因此，选择合适的溶剂十分重要。

　　为探究 POSS-g-(PGMA-co-P12FMA)$_2$ 的黏接性能在实际应用中是否会受到外界温度骤变的影响，进一步测试了在经历不同冻融循环过程之后，样品黏接力的变化情况，并以 POSS-g-(PGMA)$_2$ 作为对比样品，如图 4-22 所示。结果发现，在经历 20 个循环之后，POSS-g-(PGMA-co-P12FMA)$_2$ 的黏接强度保持在 2.60 MPa 左右，但是 POSS-g-(PGMA)$_2$ 的黏接强度从 2.68 MPa 降低到 0.73 MPa（相对减少 72.76%）。这是由于 P12FMA 的存在使聚合物 POSS-g-(PGMA-co-P12FMA)$_2$ 具备优异的抗冻融性能。

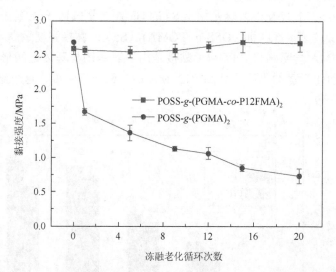

图 4-22　POSS-g-(PGMA)$_2$ 和 POSS-g-(PGMA-co-P12FMA)$_2$ 经历 20 个冻融循环后的黏接强度变化

4.3.5　POSS-g-(PGMA-co-P12FMA)$_2$ 涂膜的透光率

　　为了探究 POSS 的引入能否改善涂膜的透明性，分别对 POSS-g-(PGMA-co-P12FMA)$_2$ 和 SiO$_2$-g-(PGMA-co-P12FMA) 的透光率进行了测试，如图 4-23 所示。从

中可以看出，SiO$_2$-g-(PGMA-co-P12FMA)的透光率最大为 83%，而 POSS-g-(PGMA-co-P12FMA)$_2$ 的最大透光率为 99%，明显优于前者。这说明小粒径的 POSS 降低了成膜过程中相分离问题，与聚合物兼容程度良好，提高了涂膜的透明度。

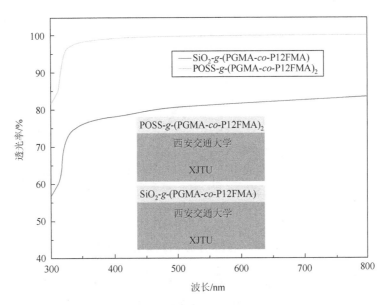

图 4-23　POSS-g-(PGMA-co-P12FMA)$_2$ 和 SiO$_2$-g-(PGMA-co-P12FMA)的透光率测试

4.3.6　POSS-g-(PGMA-co-P12FMA)$_2$ 的热稳定性能

图 4-24 为 POSS-g-(PGMA-co-P12FMA)$_2$、POSS-g-(PGMA)$_2$ 和 E-g-(PGMA-co-P12FMA)的 TGA 曲线。将初始降解温度和质量降解一半时所对应的温度分别定义为 $T_{10\%}$ 和 $T_{50\%}$。其中 POSS-g-(PGMA-co-P12FMA)$_2$ 的 $T_{10\%}$ = 284℃、$T_{50\%}$ = 345℃。而 POSS-g-(PGMA)$_2$ 的 $T_{10\%}$ = 280℃、$T_{50\%}$ = 335℃，E-g-(PGMA-co-P12FMA)的 $T_{10\%}$ = 265℃、$T_{50\%}$ = 322℃。这些数据均表明 POSS 和 12FMA 可以提高聚合物的热稳定性。

4.3.7　小结

本节通过 ATRP 法合成了 POSS-g-(PGMA-co-P12FMA)$_2$，重点研究了不同溶剂（CHCl$_3$、THF、DMF）对聚合物表面疏水性能和黏接性能的影响，并与 POSS-g-(PMMA-co-P12FMA)$_2$ 和 POSS-g-(PGMA)$_2$ 进行了对比研究。具体结果小结如下所述。

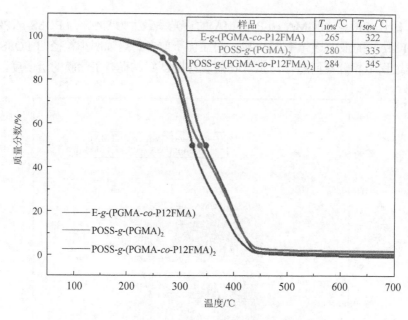

图 4-24　POSS-g-(PGMA-co-P12FMA)$_2$ 的 TGA 曲线

（1）POSS 和 12FMA 赋予了 POSS-g-(PGMA-co-P12FMA)$_2$ 很好的热稳定性能（$T_{10\%}$ = 284℃，$T_{50\%}$ = 345℃）和良好的黏接性能，突出表现在 POSS-g-(PGMA-co-P12FMA)$_2$ 和 POSS-g-(PGMA)$_2$ 在经历 20 个冻融循环后，POSS-g-(PGMA-co-P12FMA)$_2$ 仍然保持优异的黏接强度，而 POSS-g-(PGMA)$_2$ 的黏接强度有所下降，证明 POSS-g-(PGMA-co-P12FMA)$_2$ 在黏接应用上有良好的耐久性。

（2）POSS-g-(PGMA-co-P12FMA)$_2$ 分别在 CHCl$_3$、THF、DMF 溶剂中成膜，挥发速度最快的 CHCl$_3$ 更有利于含氟官能团向表面迁移。样品 S4 在 CHCl$_3$ 溶剂中的膜表面粗糙度最大 R_a = 1.90 nm，静态水接触角最大 SCA = 105°，表面自由能最低 γ_s = 19.9 mN/m。POSS-g-(PGMA-co-P12FMA)$_2$ 用 CHCl$_3$、THF、DMF 作溶剂进行黏接时，由于 DMF 的挥发速度最慢，影响了黏合剂自身的内聚力，导致聚合物在 DMF 中的黏接效果最差，黏接强度为 0.44 MPa。

（3）POSS-g-(PGMA-co-P12FMA)$_2$ 的最大透光率为 99%，显著优于 SiO$_2$-g-(PGMA-co-P12FMA)的透光率（83%）。表明 POSS 的引入降低了成膜过程中相分离问题，改善了涂膜的透明度。

4.4　硅基含氟环氧聚合物保护砂岩的应用研究

仍然选用彬县大佛寺石窟中的红色砂岩为研究对象，将砂岩切割成直径 4 cm、厚度 0.7 cm 的圆形样块和 1.5 cm×1.5 cm×1.5 cm 的立方体样块，砂纸打磨表面后用水冲洗砂岩，然后在 100℃真空干燥箱中放置 24 h，原始质量记录为 M_0。

（1）将处理好的砂岩浸泡在质量分数为 3%的两种保护溶液 S[为 SiO$_2$-g-(PGMA-co-P12FMA)]和 P[为 POSS-g-(PGMA-co-P12FMA)$_2$]中 24 h。取出放置在 50℃恒温箱中直至干燥恒重（约 1 周），保护后质量记为 M_1。

（2）将 5%的保护溶液与砂子以 1∶1 的比例混合制成砂浆，对砂岩进行黏接。在自然环境下放置直至黏接牢固，粘好的样块如图 4-25 所示。

图 4-25　黏接砂岩样品

4.4.1　保护材料的吸收率

表 4-9 为砂岩对两种保护溶液的吸收率。结果显示砂岩对两种保护材料的吸收率都不是很大，这说明保护材料主要存在于砂岩表层，适合于表面保护。相对而言，POSS-g-(PGMA-co-P12FMA)$_2$ 的吸收率大于 SiO$_2$-g-(PGMA-co-P12FMA)，这是因为后者的无机成分为 SiO$_2$，虽然与硅酸盐基质兼容性较好，但粒径大，阻碍了聚合物在砂岩中的渗透。因此在相同条件下，小粒径的 POSS-g-(PGMA-co-P12FMA)$_2$ 的吸收率较大。

表 4-9　砂岩对保护材料的吸收率

保护材料	保护材料吸收率/%			
	1	2	3	平均
SiO$_2$-g-(PGMA-co-P12FMA)	0.43	0.45	0.41	0.43
POSS-g-(PGMA-co-P12FMA)$_2$	0.47	0.49	0.45	0.47

4.4.2　表面色差

对保护前后的砂岩样块进行色度测试，结果如图 4-26 所示。经 POSS-g-(PGMA-co-P12FMA)$_2$ 保护后的砂岩样块 $\Delta E^* = 1.34$，而 SiO$_2$-g-(PGMA-co-P12FMA) 保护后的砂岩 $\Delta E^* = 3.39$。后者大于前者，说明 SiO$_2$-g-(PGMA-co-P12FMA)保护后的砂岩样块颜色变化大于 POSS-g-(PGMA-co-P12FMA)$_2$，这也是由于 SiO$_2$ 粒径大导致的色度变化值偏大。据文献报道，当色度变化 $\Delta E^* < 5$ 时，人类肉眼是感

知不到的，而上述 ΔE^* 为 1.34 和 3.39，故两种保护材料均不会影响砂岩文物的观赏性。

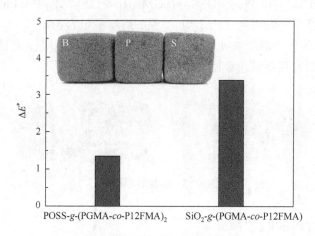

图 4-26　保护后砂岩样块的色度变化

样品 B 为空白，P 为 POSS-g-(PGMA-co-P12FMA)$_2$，S 为 SiO$_2$-g-(PGMA-co-P12FMA)

4.4.3　表面接触角和透气性

当水滴滴在未保护的砂岩（B）表面上时，水滴被迅速吸收。而在 POSS-g-(PGMA-co-P12FMA)$_2$ 保护后的砂岩表面，接触角显示为 131°。对于 SiO$_2$-g-(PGMA-co-P12FMA)保护的砂岩表面，在水接触角测试过程中，水滴表现出良好的不沾特性，当水滴落在砂岩表面上，随后又迅速被弹起，无法从注射器出口脱落（图 4-27）。说明两种材料保护砂岩后，都显示出优异的疏水特性，SiO$_2$-g-(PGMA-co-P12FMA)保护后的砂岩表面已经达到超疏水效果，表面接触角为 158°。这是因为 SiO$_2$ 颗粒大，材料本身提供了一种微纳结构，加之砂岩表面的粗糙度较大，故而有着更好的疏水性质。

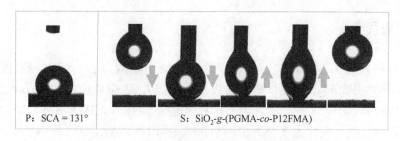

图 4-27　保护后砂岩样块表面的静态水接触角

透气性实验反映了保护材料对砂岩样块的水蒸气透过率的影响。图 4-28 为保护前后砂岩对水蒸气渗透情况的测试结果。从图中可以看出，经过 32 天的测试，三种砂岩的透气性变化规律基本相同，但空白样块的水蒸气透过量要高于 POSS-*g*-(PGMA-*co*-P12FMA)$_2$ 和 SiO$_2$-*g*-(PGMA-*co*-P12FMA)保护后的砂岩，说明保护材料对砂岩的透气性有所影响，这是因为聚合物链段在砂岩孔隙内相互缠绕，阻碍了气体的流通，在提高疏水性的同时降低了砂岩的透气性。POSS-*g*-(PGMA-*co*-P12FMA)$_2$ 和 SiO$_2$-*g*-(PGMA-*co*-P12FMA)两种保护溶液对砂岩的透气量相当，证明 POSS 和 SiO$_2$ 对透气性的影响相同。

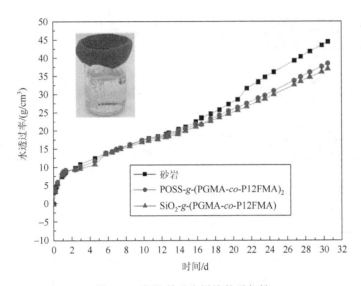

图 4-28　保护前砂岩样块的透气性

4.4.4　加固保护耐盐循环

结合表 4-10、图 4-29 及图 4-30 发现，经历 5 个完整的盐循环过程后，空白样品已经开始出现不同程度的损坏，其中 1 号空白样品的质量损失为 2.0%，吸盐量为 6.3%。而 SiO$_2$-*g*-(PGMA-*co*-P12FMA)和 POSS-*g*-(PGMA-*co*-P12FMA)$_2$ 保护后的砂岩则仍然完好无损，质量几乎零损失，吸盐量也保持较低水平，约为 0.5%。在经历了 10 个盐循环后，未经保护的砂岩质量损失已达到 10%，吸盐量仍然较大为 6.4%，而保护后的砂岩质量损失约为 0.1%，可忽略不计，吸盐量为 0.8%。当经历了 20 个循环后，3 号空白砂岩样品的损坏程度已经非常大，1 号样品的质量损失率为 36%，吸盐量为 4.7%。保护后样品的质量损失仍然可忽略不计，吸盐量也较低，保持在 1.1%左右。

表 4-10　SiO₂-*g*-(PGMA-*co*-P12FMA) 与 POSS-*g*-(PGMA-*co*-P12FMA)₂ 保护砂岩经历盐循环的照片

循环	空白砂岩	SiO₂-*g*-(PGMA-*co*-P12FMA)	POSS-*g*-(PGMA-*co*-P12FMA)₂

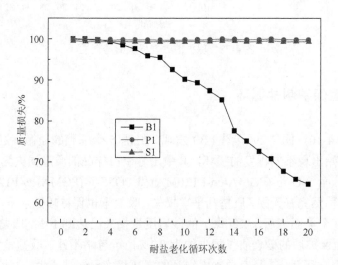

图 4-29　保护前后砂岩在耐盐循环实验中的质量损失

样品 B1 为空白砂岩，P1 为 POSS-*g*-(PGMA-*co*-P12FMA)₂，S1 为 SiO₂-*g*-(PGMA-*co*-P12FMA)

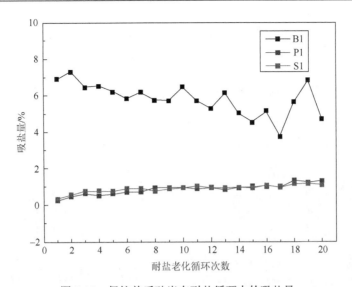

图 4-30　保护前后砂岩在耐盐循环中的吸盐量

样品 B1 为空白砂岩，P1 为 POSS-*g*-(PGMA-*co*-P12FMA)₂，S1 为 SiO₂-*g*-(PGMA-*co*-P12FMA)

　　总之，未保护样品由于自身易吸盐的特点，导致盐循环过程中质量损失非常大。砂岩样块本身质量下降，导致吸盐量呈下降趋势。而两种材料保护后的样块虽然吸盐量稍有上升，但也维持在较低水平，仅有 1% 左右。质量损失忽略不计。上述数据说明，经两种材料保护后的砂岩样品明显提高了抗盐腐蚀能力。证明 SiO₂-*g*-(PGMA-*co*-P12FMA) 和 POSS-*g*-(PGMA-*co*-P12FMA)₂ 均能实现对砂岩样块的表面防护。

4.4.5　黏接保护耐盐循环

　　对 SiO₂-*g*-(PGMA-*co*-P12FMA) 和 POSS-*g*-(PGMA-*co*-P12FMA)₂ 黏接好的砂岩样块进行盐循环实验。实验图片及数据如表 4-11、图 4-31 及图 4-32 所示。由于仅对砂岩样块进行黏接，而没有对整个样块进行保护，故在经过 5 个盐循环过程后，SiO₂-*g*-(PGMA-*co*-P12FMA) 和 POSS-*g*-(PGMA-*co*-P12FMA)₂ 的样品在非黏接处均出现了不同程度的损坏。以 1 号样品为例，S1 的质量损失为 2%，P1 的质量损失为 6%。而在经历 10 个循环后，S1 的质量损失为 26%，P1 的质量损失为 15%，可见未保护区域损坏程度非常大，但黏接处依然完好。在第 15 个循环时，P1 样品在黏接处发生断裂，导致 P1 样品的盐循环过程结束。而在 20 个循环后，SiO₂-*g*-(PGMA-*co*-P12FMA) 保护的样品黏接口仍然完整，但 S1 的质量损失已达 60%。同样 POSS-*g*-(PGMA-*co*-P12FMA)₂ 黏接好的砂岩样块黏接处也没有破坏，但 P2 的质量损失高达 52%。这些数据表明两种材料可以有效地用于砂岩黏接，并且在盐循环过程中，黏接部位具备很好的抗盐能力。

表 4-11　SiO_2-*g*-(PGMA-*co*-P12FMA)与 POSS-*g*-(PGMA-*co*-P12FMA)$_2$ 黏接砂岩经历 20 个循环的照片

循环	SiO_2-*g*-(PGMA-*co*-P12FMA)	POSS-*g*-(PGMA-*co*-P12FMA)$_2$

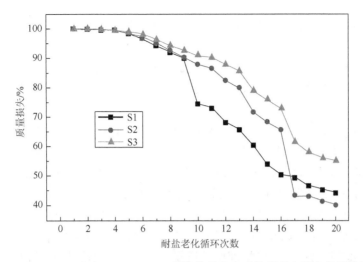

图 4-31　SiO$_2$-g-(PGMA-co-P12FMA)黏接的砂岩在耐盐循环实验中的质量损失

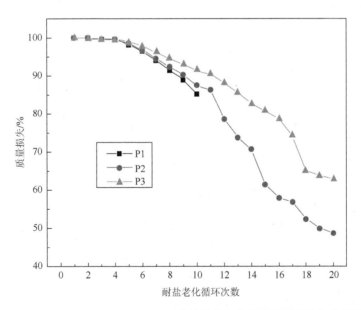

图 4-32　POSS-g-(PGMA-co-P12FMA)$_2$黏接的砂岩在耐盐循环实验中的质量损失

4.4.6　小结

本节分别用两种硅基聚合物 SiO$_2$-g-(PGMA-co-P12FMA)和 POSS-g-(PGMA-co-P12FMA)$_2$ 对砂岩样块进行保护，研究了保护前后砂岩的吸盐量、色度变化、接触角、透气性、加固与黏接保护前后耐盐循环中的质量损失情况。具体结果小结如下所述。

（1）砂岩对 POSS-g-(PGMA-co-P12FMA)$_2$ 保护材料的吸收率大于 SiO$_2$-g-(PGMA-co-P12FMA)，说明粒径较小的杂化材料更易被吸收。SiO$_2$-g-(PGMA-co-P12FMA)保护后的砂岩的 $\Delta E^* = 1.34$，而 SiO$_2$-g-(PGMA-co-P12FMA)保护后的砂岩 $\Delta E^* = 3.39$，前者大于后者，说明较大的 SiO$_2$ 对砂岩的颜色影响较为明显，但均在允许范围之内。

（2）SiO$_2$-g-(PGMA-co-P12FMA)和 POSS-g-(PGMA-co-P12FMA)$_2$ 保护砂岩后，均有很好的疏水效果，前者 SCA = 131°，而后者的表面对水滴显示不沾特性，已达到超疏水效果。两种保护溶液对砂岩的透气量影响相当，但均弱于空白样品，说明聚合物在砂岩孔隙内的缠绕阻碍了气体的渗透。

（3）经历了 20 个盐循环后，两种浸泡保护样块的质量几乎保持不变，吸盐量维持在较低水平，约为 1%。说明两种材料均有很好的抗盐腐蚀能力。黏接样块在经历了 20 个盐循环后，非黏接部位质量损失严重，而黏接处保持完好，表明两种材料可以有效地用于砂岩黏接。

第5章　硅基杂化材料保护砂岩文物及耐硫酸钠风化的研究

5.1　引　　言

可溶盐被认为是造成石质文物破坏最严重的因素之一。可溶盐以水为载体，随水的运动进入多孔砂岩基体内部，在不同温湿度作用下反复溶解/重结晶，从而在孔内沉积。由于砂岩孔体积有限，当盐晶体积累到一定量后，孔结构便无法提供足够的空间供其生长，此时，若晶体与过饱和溶液接触继续晶体生长便会对砂岩孔壁产生结晶压力，当结晶压力超过孔壁机械强度便会对砂岩基体造成破坏。这样，溶解在砂岩孔结构中的盐在自然环境的干湿和冻融循环作用下，或在砂岩表面结晶形成表面风化，或在孔内直接结晶生长形成内部风化。生长在砂岩表面的晶体盐通常不会产生破坏行为，但是在孔内结晶生长的晶体会产生对砂岩孔壁的潜在压力，从而产生破坏行为。在砂岩孔隙中，可能有很多种相态的变化，包括从饱和溶液中直接结晶、水合状态的改变以及与原有沉积矿物质发生化学反应生成新的矿物质，这些过程的产生是由孔结构中的盐及其所处的微环境条件决定的。在某些条件下，盐晶体在孔结构中不断溶解-结晶或者水合-脱水，体积不断产生变化，产生动态的线性压力，当某一时刻的压力超过砂岩的机械强度时，砂岩基体便会迅速崩解。目前，全世界成千上万的石质文物都遭受着盐风化的破坏。

NaCl 和 Na_2SO_4 是自然界中存在最广泛的两种对岩石破坏有影响的可溶盐，因此受到文物保护工作者的广泛关注。NaCl 倾向于在砂岩表面结晶沉积，形成表面风化破坏；而 Na_2SO_4 被认为是破坏性最强的盐。由于其存在许多不同相态的晶体结构，包括五种无水相态（Na_2SO_4，Ⅰ～Ⅴ相）和两种含水相态（$Na_2SO_4 \cdot 7H_2O$ 和 $Na_2SO_4 \cdot 10H_2O$），成为最广泛应用于实验室耐盐老化实验的试剂。Na_2SO_4 结晶湿热循环老化具有三个阶段，分别为积累阶段、扩散阶段和破坏阶段。在岩石孔内，水一旦开始挥发，盐就进入砂岩孔隙中开始结晶过程。最初，盐溶液依靠毛细作用迁移到孔结构中不断积累；水蒸气挥发时，盐溶液及其离子被排出孔结构，形成表面风化盐；当没有水吸收时，盐离子就进入扩散阶段，以水蒸气的形式在孔结构中循环流动，使盐在孔内结晶。第一阶段结束时，有较多盐已在孔内结晶，可以进一步达到过饱和状态，产生破坏。第二阶段有两种可能：第一种是在质量损失前出现表观破坏现象；第二种是在质量损失后出现表观破坏现象。当第一种情况出现时，说明岩石尚有空隙未被盐结晶填满，此时，吸盐速率高于岩石质量损失速率，整体的质量变化是两者竞争的结果，这就是所谓的第二阶段。但是当破坏出现在质量损失之后，说明岩石孔隙已被盐结晶完全填满，岩石的破坏是由于结晶压力已远远大于岩石自身的机械强度，这种情况下就没有第二阶段，直接进入破坏阶段。归一化的损失质量与循环次数呈线性关系，即当破坏行为以质量损失为主，吸盐量可以忽略不计时，就开始进入老化破坏的第三个阶段。对于硫酸钠破坏行为的认识仍需进一步的研究和验证，尤其是对硫酸钠溶液在多孔基体内结晶行为的研究将有助于文物保护工作者采取更加切实有效的措施应对盐风化破坏现象。

基于目前对砂岩破坏现象的认识以及对砂岩保护材料的期望，要求石质文物保护材料必须遵循不改变文物原貌、文物本体安全、功能有效性、可重复操作及匹配性和长期耐久性等基本原则。目前尚缺乏系统的保护材料评价体系，但是基于天然岩石和涂层的性能测试方法有很多国际和国内标准可以参考，因此对于保护材料处理后砂岩的性能表征大多参考这些测试标准。另外，基于砂岩的多孔性，保护材料需要以溶液状态渗透进入孔内，沉积后发挥保护作用，因此需要对保护材料分散性、流动性和对孔壁的润湿性等性能进行测试。出于对砂岩基体安全性的考虑，尤其是具有不耐酸矿物组成的砂岩，需要对保护溶液的酸碱性进行测试，以确保不会对砂岩基体本身产生腐蚀破坏作用。依据目前研究中常用的砂岩性能测试方法，对砂岩基体表观形貌、孔隙结构、水循环、机械强度等重要性能进行检测，通过紫外光老化、干湿循环、冻融循环、酸碱老化、盐结晶循环等常用人工老化试验方法的参考标准进行长效保护评估。

（1）紫外光老化试验 保护材料尤其是有机类保护材料在紫外光作用下易老化降解，而许多户外石质文物长期置于太阳光照环境中，因此保护材料必须具备耐光照老化性能，才能保证其适用于石质文物的保护。人工加速老化试验常用紫外光老化箱对材料进行测试。在老化箱中安装不同型号的荧光紫外灯发射不同波长的紫外光，如 UV-A340、UV-A351 等可分别发射 340 nm 和 351 nm 波长的紫外光，而前者更能模拟太阳光 300～340 nm 的光谱分布，因此是最常用的老化波长。可根据材料类型，参照相应的紫外老化标准如 GB/T 16422.1—2019、ISO 11507—1997 等制备试验样品，在老化箱中设置需要的温湿度，进行间断性或连续性暴晒等模式的测试。

（2）干湿循环老化试验 部分砂岩样品由于黏土、膨润土等成分含量较高时，在反复干燥、湿润状态下不断膨胀收缩可能会出现结构松散、基体裂隙等现象，减弱砂岩的力学强度。而使用保护材料后，会改变这些组分的膨胀系数，提升砂岩样品的耐干湿老化性。按照 GB/T 11969 标准，将干燥后的砂岩样品浸泡在去离子水中 5 min（20℃±5℃条件下），室温下晾干 30 min，然后放入 60℃±5℃烘箱中干燥 7 h，冷却 20 min 后再浸入去离子水，以此作为一次干湿循环，重复 15 次。将老化后的砂岩样品烘干至恒重后，测试砂岩老化后和未经干湿循环老化前的平均劈裂抗拉强度。

（3）冻融循环老化试验　在冬季时，砂岩内部水分在低温下会冻结或结冰，由于冰的体积大于水，会在砂岩基体产生内部张力；而当春天融化时，水分流失会使砂岩内部收缩。这样冻结和融化的反复作用会加速砂岩风化，形成裂缝。根据 GB/T 9966.1—2020 标准，冻融循环的试验方法包括吸水冻结和常温溶液溶解两步。首先将干燥后的砂岩样品浸泡在深度为样品高度一半的 20℃±10℃水中静置 1 h，然后加水至样品高度的四分之三静置 1 h，再继续加满水至水面超过试样高度 25 mm±5 mm 处，浸泡 48 h±2 h 后取出。将砂岩样品立即放入–20℃±2℃冷冻箱中冷冻 6 h，取出后放入恒温水箱 20℃±2℃中融化 6 h。如此反复循环 50 次，用湿毛巾擦去样品表面水分，观察并记录砂岩基体的表观形貌、质量变化，并对老化试验后砂岩进行抗压强度测试。也可以根据实验需求调整冻融循环试验中的温度、时间等。比如为了加速冻融循环的破坏作用，可增大冻融的温度范围，将吸满水的砂岩样品放置在–24℃下冷冻 4 h 后，移出后放入 60℃的烘箱中融化 4 h，以此为一个循环。

（4）耐酸碱性老化试验　根据地质矿产行业标准 DZ/T 0276.12—2015《岩石物理力学性质试验规程 第 12 部分：砂岩耐酸度和耐碱度试验》，将砂岩样品分别置于酸性或碱性介质中，经过一定时间后，剩余质量与原始质量的比值（百分数）即为砂岩的耐酸度或耐碱度。首先，称量砂岩样品的原始质量 m_0（g），然后使用硫酸和氢氧化钠分别作为酸碱老化试剂，将砂岩浸没在一定浓度的酸/碱溶液中 48 h 后取出，在蒸馏水中煮沸 10～15 min，再用蒸馏水洗涤干净（使用氯化钡或酚酞溶液分别滴定检查，前者无白色沉淀，后者颜色不变红即可）。将洗净的砂岩样品完全干燥后，称取质量 m_1（g）。为了模拟根据实际环境中的老化情况，也可以选用其他种类的酸碱溶液，如盐酸溶液、硫酸-硝酸 1∶1 混合溶液等浸泡 24 h，移除后使用去离子水冲洗干净，并在室温下干燥，观测砂岩表观形貌和质量变化。或者也可以配制不同浓度的酸溶液，观察浸泡砂岩过程中是否产生气泡，当无气泡产生时所对应的溶液 pH 值即为相应的耐酸度值。

（5）盐结晶老化试验　盐风化破坏是目前公认的对砂岩破坏性最强的老化因素，由于硫酸钠被认为是破坏能力最强的可溶盐之一，因此常被用于作为盐结晶老化试剂。依据欧洲标准 EN 12370：1999，将保护前后的砂岩样品浸泡在温度为 20℃±0.5℃，质量分数为 14%的芒硝溶液中 2 h，保证液面高于砂岩样品上表面 8 mm±2 mm，密封减少溶液挥发。移出后将砂岩样品放入 105℃±5℃的烘箱中干燥至少 10 h。为了保证干燥前期烘箱内具有较高湿度，可以在烘箱中提前放入

300 mL±25 mL 水，预热 30 min±5 min 后放入砂岩样品，保持高温条件下干燥 16 h，冷却至室温放置 2 h±0.5 h，然后再次浸泡在新鲜配制的芒硝溶液中，以此循环 15 次。将砂岩样品移出后浸泡在 23℃±5℃水中 24 h±1 h，然后用自来水冲洗干净，烘干后称重。当循环被干扰时，样品均放置在 105℃±5℃的烘箱中保存。使用砂岩相对质量的变化来评估砂岩的耐盐结晶性。

参照 ASTM C88—2005 标准，也可以使用硫酸镁或硫酸钠饱和溶液浸泡砂岩样品 16~18 h，然后放置在 110℃±5℃烘箱中干燥至恒重，然后再次浸泡在盐溶液中不断循环。观察循环过程中砂岩样品的形貌和质量变化。除此以外，也可以根据不同老化需求，仅在第一次循环时浸泡饱和盐溶液干燥至恒重后，通过水蒸气或盐雾等溶解砂岩孔内晶体再干燥，测试砂岩样品的耐盐性能。当然，也可以将以上老化实验方法结合使用，模拟特殊的老化环境。比如将盐结晶老化、冻融循环和干湿循环三种老化方法相结合。先将砂岩样品浸泡在 0.5 mol/L Na_2SO_4 溶液中 12 h，然后将砂岩样品放在–30℃下冻结 4 h，再将砂岩样品放入 60℃烘箱中融化 4 h 再冷却至室温，以此为一个循环模拟冬季低温下盐溶液结晶和水结冰共同作用下对砂岩样品造成的破坏。

虽然近几十年来，许多新型石质文物保护材料层出不穷，但是目前很多新材料的设计思路和对保护材料性能的需求大都来自研究者的主观认识或其他研究者的经验总结，缺乏对保护材料不同使用方法和实际保护效果的评估研究。尤其是基于水是砂岩内部风化因素的主要载体，为了限制水在砂岩孔内的活动，大量疏水型保护材料被用于砂岩基体。但随着疏水材料的使用，人们对其对砂岩的实际保护效果的质疑逐渐显露出来。由于疏水材料的渗入会在砂岩基体内形成亲疏水界面，阻碍盐溶液的迁移路径，使盐晶体在该界面处聚集沉积，破坏保护层，导致疏水材料完全丧失保护作用。也有学者发现 NaCl 晶体更倾向于在低表面能涂层上结晶，因此使用疏水材料可能对砂岩产生潜在的二次破坏。由于目前已报道的保护材料评估数据缺乏平行可比性，因此无法对亲/疏水性能及其对砂岩作用机理的影响给出明确结论。

基于以上考虑及文物保护领域研究内容的缺失，本研究团队在前期工作中已使用 SiO_2 和 POSS 纳米粒子、软链段聚二甲基硅氧烷（PDMS）、聚甲基丙烯酸十二氟庚酯（PDFHM 或 12FMA）通过化学键合的方式与聚甲基丙烯酸甲酯（PMMA）、正硅酸乙酯（TEOS）、聚乙烯醇（PVA）和聚甲基丙烯酸缩水甘油酯（PGMA，提供环氧树脂性能）反应制备出 8 种亲/疏水型硅基杂化保护材料，以期实现对砂岩基体的长效加固和黏接保护。本章通过对 8 种硅基杂化保护材料的溶液、涂层和保护砂岩的各项性能进行对比研究，研究了不同种亲/疏水型硅基保护材料对砂岩耐盐风化性能的作用机理，对比了不同硅基保护材料的性能优势，为不同盐风化环境条件下硅基保护材料的使用方法提供参考。研究内容分别是亲/

疏水型 SiO_2 基杂化材料加固保护砂岩的耐盐风化性能研究；亲/疏水型硅基材料黏接保护砂岩的耐盐风化性能研究；分散剂对 POSS 基杂化材料涂层及加固保护砂岩性能的影响。另外，结合盐风化破坏的理论机理和对不同疏水涂层界面 Na_2SO_4 结晶行为的研究，总结硅基保护材料界面对 Na_2SO_4 结晶行为的影响，为进一步设计和制备新型耐盐保护材料提供理论依据和技术支撑。

5.2　亲/疏水型 SiO_2 基杂化材料加固保护砂岩的耐盐风化性能研究

本节使用实验室前期制备的疏水型 SiO_2-g-PMMA-b-P12FMA 和亲水型 SiO_2-g-$O(Me_2Si)_n$OH 两种保护材料分别对彬县大佛寺红色砂岩样品进行渗透加固保护，通过对比保护前后砂岩的吸水量、水蒸气透过性、孔径分布、孔隙度和单抽抗压强度变化，评估 SiO_2 基杂化材料的保护效果。由于大佛寺砂岩盐风化破坏作用主要来源于 NaCl 和 Na_2SO_4 两种可溶盐，因此本节使用 NaCl、Na_2SO_4 和两者的混合盐溶液对保护前后砂岩样品进行盐结晶老化循环测试，记录循环过程中砂岩的表观形貌和质量变化，对比总结出亲/疏水 SiO_2 基保护材料提升砂岩耐盐风化的性能优势及其作用机理。

（1）样品 1（S1）为 SiO_2-g-PMMA-b-P12FMA，分子量为$(11700)_n$，分子式及润湿性能见图 5-1（a）。该材料是采用二氧化硅表面引发的方法，将甲基丙烯酸甲酯（MMA，$C_5H_8O_2$）和甲基丙烯酸十二氟庚酯（12FMA，$C_{11}H_8O_2F_{12}$）按照 SiO_2-Br：MMA：12FMA = 1：72.50：45.38 的比例在 90℃ 条件下聚合 12 h 后，通过甲醇超声清洗 3 次，过滤并在 40℃ 真空条件下烘干备用。S1 膜及浸泡 S1 氯仿溶液后的砂岩表面静态水接触角分别为 103.5°±0.6° 和 126.2°±1.0°。S1 膜的黏接强度可达到 1.3 MPa，膜的透光率可达到 80% 以上（可见光波长范围内），因此可判定 S1 样品不会影响被保护砂岩的表面色度。由于浸泡 S1 样品的砂岩水接触角大于 90°，因此 S1 是疏水型 SiO_2 基保护材料。

（2）样品 2（S2）为 SiO_2-g-$O(Me_2Si)_n$OH，结构式及润湿性如图 5-1（b）所示。该材料是将正硅酸乙酯（TEOS，>98%）水解后的硅溶胶与二甲氧基二甲基硅烷 $[Me_2Si(OMe)_2$，>97%]按照体积比 10：1 在室温下共混 24 h 后制得。其中，硅溶胶是使用氨水水解正硅酸乙酯得到。二甲氧基二甲基硅烷水解产物是将 1 g 二甲氧基二甲基硅烷和 10 g 异丙醇（≥99.9%）及 0.1 g 浓硫酸（98%）在室温下共混 15 h 后制得。S2 没有连续性，其静态水接触角为 38.9°，水滴在被 S2 浸泡后的砂岩表面时会直接渗入砂岩的孔隙中，因此 S2 被认定为亲水型 SiO_2 基保护材料。

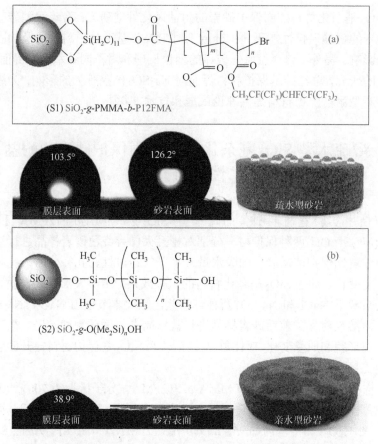

图 5-1　两种 SiO$_2$ 基杂化保护材料化学结构式及膜和砂岩基体表面水的润湿行为

使用氯仿（CHCl$_3$）作为分散剂，将 SiO$_2$-g-PMMA-b-P12FMA（S1）配制成质量分数为 3%的溶液；SiO$_2$-g-O(Me$_2$Si)$_n$OH（S2）现配现用。

本节实验所使用砂岩仍然是陕西省彬县大佛寺采集的红色砂岩样品（见 2.4.1 节）。样品尺寸为 2×2×5 cm^3 的长方体和直径为 5 cm、厚度约 1 cm 的圆柱体，如图 5-2 所示。砂岩样品使用前须用去离子水冲洗 3 次后，在真空干燥箱（50℃）中干燥至恒重，保存备用。

参照欧洲标准 EN12370：1999 自然砂岩耐盐结晶的测定方法，采用 0.5 mol/L 的 NaCl、Na$_2$SO$_4$ 和 NaCl-Na$_2$SO$_4$ 混合盐溶液浸泡砂岩样品（2×2×5 cm^3），具体流程如图 5-2 所示。首先将砂岩样品浸泡在盐溶液中 2 h，取出后移除表面水分，放入可程式恒温恒湿试验箱中，在 100℃/90%温湿条件下干燥 11 h 后，在 3 h 内将温湿度降至 25℃/50%继续干燥 8 h。每次循环后记录砂岩样品的表观形貌和质量变化。

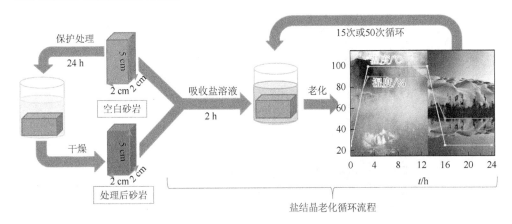

图 5-2 砂岩耐盐结晶老化循环（SLHA）流程图

5.2.1 可溶盐对砂岩基体的破坏行为

为了探究 NaCl 和 Na_2SO_4 对大佛寺砂岩的风化破坏行为，本节将未保护砂岩样品放入 NaCl、Na_2SO_4 和 NaCl-Na_2SO_4 混合盐湿热循环中进行老化试验，每次循环后记录砂岩的表观形貌和质量损失，如表 5-1 所示。从表中可知，未保护的砂岩样品在第 10 次 NaCl 盐结晶循环后均被完全破坏。其中一个样品在第 5 次循环后就出现了明显的质量损失（15%），并在第 7 次循环后基体出现裂纹同时伴随着更大的质量损失（45%），在下一次循环浸盐阶段基体已完全崩塌化为泥浆。其他两个样品在第 10 次循环后质量损失分别达到 38%和 58%。Na_2SO_4 盐结晶湿热老化循环中，未保护砂岩损坏更为严重。3 个平行样品均在第 4 次循环后就出现裂纹或大量质量损失，在下一次循环的吸盐阶段就完全被损坏。相比之下，NaCl-Na_2SO_4 的混合盐溶液对大佛寺砂岩的破坏性最强。砂岩样品仅仅在第 2 次循环吸盐过程中就完全碎裂。这些结果表明，相对于单一的 NaCl 或 Na_2SO_4 盐溶液来说，NaCl-Na_2SO_4 的混合盐对砂岩的破坏能力更强。

5.2.2 可溶盐在毛细管中的结晶行为

为了探究盐对砂岩的破坏行为的原因，本节利用毛细管模拟砂岩孔结构，观测盐在毛细管中的结晶行为，结合已报道的盐结晶破坏机理，对 NaCl、Na_2SO_4 和 NaCl-Na_2SO_4 混合盐溶液在砂岩内的破坏行为给出合理的解释，如图 5-3 所示。由于 NaCl 在任何结晶条件下都会形成单分散的小立方体晶型，在结晶初期，砂岩的孔隙结构能够为 NaCl 晶体的生长提供足够的空间，因此砂岩样品在经历了 4 次 NaCl 盐结晶循环后才开始出现明显的损坏现象（表 5-1）。但是随着 NaCl 盐溶液的吸收，所有的砂岩孔隙都被晶体填满后，现有的空间已不能满足 NaCl 晶

表 5-1 未保护砂岩样品在盐结晶湿热老化循环中的表观形貌（App）和质量损失（ML）

循环次数		1	2	3	4	5	7	8	10
NaCl	App								
	ML/%	0/0/0	0/0/0	0/0/1	0/3/1	2/15/3	16/45/13	21/25	38/58
Na$_2$SO$_4$	App								
	ML/%	0/0/0	0/3/1	0/4/16	14/41/19	—	—	—	—
NaCl + Na$_2$SO$_4$	App								
	ML/%	3/7/21		—	—	—	—	—	—

体的生长，因此开始出现破坏。同时，由于 NaCl 具有很高的溶解性及对环境温湿度的低反应性，使得 NaCl 晶体的生长速率很慢，小立方体晶体（PDF#77-2064）易在砂岩表面沉积，形成表面风化。在较快的干燥速率环境中，NaCl 溶质一部分迁移至毛细管口形成表面风化 [图 5-3（a2）]，另一部分未迁移至毛细管口就达到饱和状态，开始结晶，出现内部风化的现象 [图 5-3（a1）]。

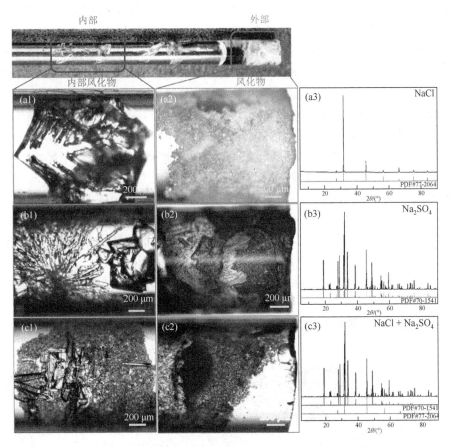

图 5-3　NaCl（a1～a3）、Na$_2$SO$_4$（b1～b3）和 NaCl-Na$_2$SO$_4$（c1～c3）混合盐溶液在毛细管中的结晶行为及 X 射线衍射图谱

然而，由于 Na$_2$SO$_4$ 的高度溶解性以及在不同温湿度条件下具有不同的稳定相态，如十水合硫酸钠（Na$_2$SO$_4$·10H$_2$O）、无水硫酸钠 Na$_2$SO$_4$（Ⅴ）和 Na$_2$SO$_4$（Ⅲ）等，因此与 NaCl 相比，其破坏行为完全不同。参照 Na$_2$SO$_4$ 的挥发速率、温湿度 T/RH 相图和 Na$_2$SO$_4$-H$_2$O 两相溶解度图，可以推测出本实验中 Na$_2$SO$_4$ 溶液在最初 2 h 的浸盐阶段中能够完全渗入砂岩的孔隙结构中，并且在接下来的干燥过程中，无水硫酸钠晶体 Na$_2$SO$_4$（Ⅴ）和 Na$_2$SO$_4$（Ⅲ）会在砂岩表面或内部孔隙中沉

积，形成表面风化和内部风化。XRD 测试结果（PDF#70-1541）也证明了 Na_2SO_4（Ⅴ）和 Na_2SO_4（Ⅲ）的存在［图 5-3（b3）］。但是因为 Na_2SO_4（Ⅲ）不稳定，即使仅存在微量的水，也很容易转变为稳定的 Na_2SO_4（Ⅴ），因此产生内部或表面风化的晶体中 Na_2SO_4（Ⅴ）含量可能高于 Na_2SO_4（Ⅲ）。无水硫酸钠晶体在下一个浸盐阶段，会重新溶解并快速析出含水晶体（$Na_2SO_4 \cdot 10H_2O$），并对砂岩孔壁产生瞬间的高结晶压力，造成基体碎裂，这就是破坏总是在浸盐阶段出现的原因，也是 Na_2SO_4 破坏能力强于 NaCl 的原因。

而砂岩在 NaCl-Na_2SO_4 混合盐结晶湿热老化循环中仅经历一次老化循环就变为粉末，这可能是因为 Na_2SO_4 的快速析出为 NaCl 的结晶提供了晶核，从而促进了 NaCl 晶体的析出。因此大量聚集生长的表面和内部风化晶体是 Na_2SO_4（PDF#70-1541）和 NaCl（PDF#77-2064）的共存形态，产生了更高的结晶压力，对砂岩孔壁的破坏程度也更强。

由于大佛寺砂岩具有较高的孔隙率（34%）和较宽的孔径分布尺寸（6.0～24.2 μm），盐溶液在砂岩孔隙中的毛细迁移速率会受到限制。这些盐溶液可以在未达到高饱和度的情况下，就在砂岩表面沉积并形成风化。以上实验结果已经证实 NaCl 更倾向于在砂岩表面结晶形成破坏性较小的表面风化，这主要表现为表面砂岩颗粒从外表面一层一层脱落而内部砂岩结构依旧保持良好的机械强度直至完全破坏。因此 NaCl 盐结晶对砂岩样品主要形成由外而内的破坏行为，而 Na_2SO_4 和 NaCl-Na_2SO_4 混合盐结晶会同时形成表面及内部风化，由于内部风化的破坏程度更为严重，因此这两种盐溶液的破坏非常迅速，在砂岩基体上形成裂纹，同时伴随着大量的砂岩表面的质量损失（图 5-4）。

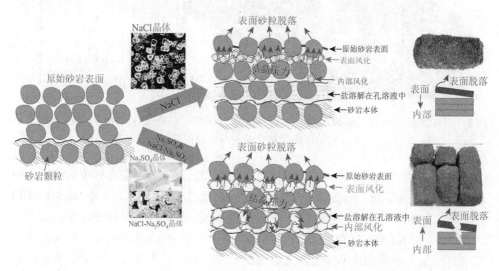

图 5-4　未保护砂岩在 NaCl、Na_2SO_4 和 NaCl-Na_2SO_4 混合盐溶液湿热老化循环的可能破坏过程

5.2.3　亲/疏水型 SiO$_2$ 基杂化材料保护砂岩的耐盐风化性能

为了研究亲/疏水型 SiO$_2$ 基杂化材料对砂岩的保护机理，本节对疏水型 SiO$_2$-g-PMMA-b-P12FMA（S1）和亲水型 SiO$_2$-g-O(Me$_2$Si)$_n$OH（S2）材料保护的砂岩样品进行盐结晶湿热老化循环实验，老化过程中砂岩样品的表观形貌和质量损失如表 5-2 和表 5-3 所示。从表 5-2 可知，疏水型 SiO$_2$-g-PMMA-b-P12FMA（S1）杂化材料保护的砂岩样品在 15 个 NaCl、Na$_2$SO$_4$ 和 NaCl-Na$_2$SO$_4$ 混合盐湿热老化循环后几乎都没有出现任何破坏。然而亲水型 SiO$_2$-g-O(Me$_2$Si)$_n$OH（S2）杂化材料保护的砂岩样品在 15 个 NaCl 和 Na$_2$SO$_4$ 湿热老化循环后，均出现了质量损失，且在后者中质量损失尤为严重。而在 NaCl-Na$_2$SO$_4$ 混合盐湿热老化循环中，所有砂岩样品均出现基体断裂或质量损失，并在第 5 次老化循环后就被完全破坏。与未保护砂岩样品相比（表 5-1），亲水和疏水型杂化材料都能够提升砂岩样品的耐盐风化性能。但在杂化保护材料吸收量相近的情况下 [（4.3±0.8）mg/g 的 S1 和（4.0±0.6）mg/g 的 S2]，疏水型杂化材料保护的砂岩耐盐性更好。由于盐结晶的破坏行为与保护后砂岩样品的吸盐量关系巨大，从图 5-5 中可知，疏水型（S1，0.31%±0.07%）和亲水型（S2，0.25%±0.08%）杂化材料保护的砂岩样品在第一次盐结晶湿热老化循环后的吸盐量均远远低于未保护砂岩样品（0.62%±0.08%），说明两种 SiO$_2$ 基杂化材料都能在一定程度上阻碍盐溶液的吸收，从而降低盐的破坏行为。那么亲/疏水型杂化材料是如何作用在砂岩基体上并提升其耐盐风化性能的呢？

5.2.4　SiO$_2$ 基杂化材料对砂岩吸水性和机械强度的影响

为了更清楚地了解两种杂化材料对砂岩样品的保护效果，本节比较了亲/疏水型杂化材料保护后砂岩的吸水性、水蒸气透过性和单轴抗压机械强度。结果表明，亲水型材料 S2 保护砂岩（11%）的吸水量远远高于疏水型材料 S1 保护的砂岩样品 [1%，图 5-5（c）]，这意味着在多次湿热老化循环中，前者吸入的盐溶液将远远高于后者，导致大量盐晶体在亲水型材料 S2 保护砂岩孔结构中快速沉积，当结晶压力超过孔壁机械强度时，便会出现破坏。由于 S1 涂层表面低表面能 P12FMA 的存在，其涂层结构 [$\Delta D/\Delta f = -0.35 \times 10^{-6}$ Hz^{-1}，图 5-5（a）] 较 S2 膜 [$\Delta D/\Delta f = -0.29 \times 10^{-6}$ Hz^{-1}，图 5-5（b）] 更为紧致，S1 涂层表面吸水量（$\Delta f = -461.5$ Hz）远远低于 S2 涂层（$\Delta f = -616.8$ Hz）。但是，从水蒸气透过性来说，亲水型 S2 保护砂岩的水蒸气透过速率（5.05×10^{-5} m^2/s）远高于 S1 保护的砂岩（2.57×10^{-5} m^2/s），可形成破坏性较小的表面风化。但是 S1 涂层依靠刚性 SiO$_2$ 纳米颗粒和 PMMA 链段在砂岩基体内形成的高机械强度 [TS = 14.7 MPa，

EM = 10.19 N/μm²，图 5-6（a）] 的连续性保护涂层，黏接强度达 1.3 MPa，使砂岩基体 [（2.2±0.2）kPa] 的单轴抗压机械强度提升至（4.0±0.3）kPa，与 S2 杂化材料保护后砂岩相比 [（2.7±0.4）kPa，图 5-6（b）]，对砂岩耐盐风化性能的提升更佳，说明保护材料的涂层性能对于提升被保护砂岩的耐盐风化性能非常重要。

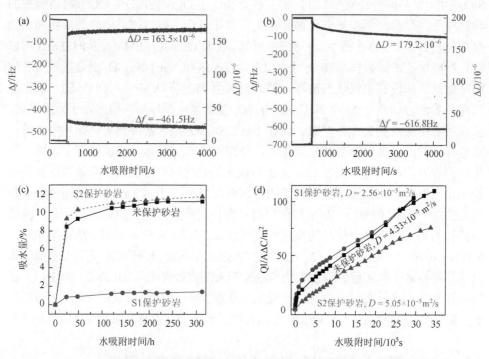

图 5-5　SiO₂-*g*-PMMA-*b*-P12FMA（S1，a）、SiO₂-*g*-O(Me₂Si)ₙOH（S2，b）杂化材料涂层的 QCM-D 表面吸水行为及保护前后砂岩的吸水量（c）和水蒸气透过率（d）

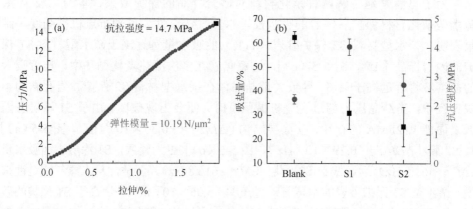

图 5-6　SiO₂-*g*-PMMA-*b*-P12FMA（S1）涂层的应力应变曲线（a）以及未保护砂岩样品、S1 和 S2 保护砂岩的单轴抗压强度及其在首次盐结晶循环后的吸盐量（b）

表 5-2 疏水型杂化材料 SiO$_2$-g-PMMA-b-P12FMA（S1）保护后砂岩样品在盐结晶热老化循环表观形貌变化和质量损失（ML）

循环次数	1	2	3	4	5	6	7	8	9	10	11	12	13	14	15
NaCl															
ML/%	0/0/0	0/0/0	0/0/0	0/0/0	0/0/0	0/0/0	0/0/0	0/0/0	0/0/0	0/0/0	0/0/0	0/0/0	0/0/0	0/0/0	0/0/0
Na$_2$SO$_4$															
ML/%	0/0/0	0/0/0	0/0/0	0/0/0	0/0/0	0/0/0	0/0/0	0/0/0	0/0/0	0/0/0	0/0/0	0/0/0	0/0/0	0/0/0	0/0/0
NaCl-Na$_2$SO$_4$															
ML/%	0/0/0	0/0/0	0/0/0	0/0/0	0/0/0	0/0/0	0/0/0	0/0/0	0/0/0	0/0/0	0/0/0	0/0/0	0/0/0	0/0/0	0/2/0

表5-3　亲水型杂化材料 $SiO_2\text{-}g\text{-}O(Me_2Si)_nOH$（S2）保护后砂岩样品在盐结晶湿热老化循环表观形貌变化和质量损失（ML）

循环次数	1	2	3	4	5	6	7	8	9	10	11	12	13	14	15
NaCl															
ML/%	0/0/0	0/0/0	0/0/0	0/0/0	0/1/0	0/1/0	1/2/0	1/4/0	1/4/0	1/6/1	1/8/1	2/9/1	2/10/2	2/11/2	3/11/2
Na₂SO₄															
ML/%	0/0/0	0/0/0	0/0/0	1/0/1	3/1/4	4/3/6	5/4/9	7/6/11	8/8/14	9/9/21	11/12/24	12/13/27	14/15/29	27/17/33	29/19/36
NaCl-Na₂SO₄															
ML/%	0/0/0	26/0/0	0/0	0	3	—	—	—	—	—	—	—	—	—	—

5.2.5　SiO₂基杂化材料对砂岩孔隙结构的影响

当然，杂化材料对砂岩的最终保护效果与两种 SiO₂ 基材料的粒径分布及在砂岩孔结构中形成的孔径分布关系很大。当 S1、S2 杂化材料溶液渗透进砂岩的孔隙结构中，随着分散剂的挥发，杂化材料会包裹在砂岩颗粒表面或孔隙结构中形成涂层。尽管 S1 [43.8 nm，图 5-7（a）] 和 S2 [37.8 nm，图 5-7（b）] 在溶液中的粒径分布相近，但 S1 可以形成连续涂层较 S2 更为均匀，能够更好地保护砂岩基体。从砂岩的孔径分布来看，与未保护砂岩 [6.0～24.2 μm，图 5-8（a）] 相比，S1 形成的涂层不会完全堵住砂岩孔隙，而是倾向于在小尺寸孔隙内沉积，从而形成更小尺寸的孔径（4.9～24.1 μm），但孔径尺寸大多数分布在 17.3～24.1 μm [图 5-8（b）]。而 S2 材料由于涂层的不连续性，更倾向于在 <14 μm 的孔隙中沉积，形成更多更小的孔径尺寸（1.3 μm），主要孔径尺寸分布在 13.9～24.2 μm 之间 [图 5-8（c）]，这使得 S2 保护后砂岩比 S1 样品和未保护砂岩样品在水循环方面（水的迁移及水蒸气的挥发）更具优势。

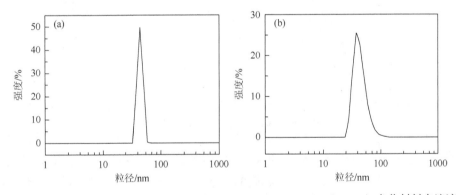

图 5-7　SiO₂-*g*-PMMA-*b*-P12FMA（S1，a）、SiO₂-*g*-O(Me₂Si)ₙOH（S2，b）杂化材料在溶液中的粒径分布

总的来说，疏水型 SiO₂-*g*-PMMA-*b*-P12FMA（S1）杂化材料作用在砂岩孔径结构中，通过 SiO₂ 纳米颗粒表面的 Si—OH 基团与砂岩基体形成强相互作用力，成膜性好的 PMMA 和低表面能的含氟链段 P12FMA 在砂岩孔隙内形成防水涂层，在提高砂岩基体的机械强度的同时，有效阻止外来盐溶液的吸收，降低盐结晶行为对砂岩的破坏程度，因此 S1 保护的砂岩样品在 15 次盐结晶湿热老化循环后几乎没出现任何破坏现象。而亲水型 SiO₂-*g*-O(Me₂Si)ₙOH（S2）材料以粒子沉积的方式作用在砂岩的孔隙结构中，产生了更多的毛细通道，促进了砂岩基体内的水循环，包括盐溶液的吸收以及水蒸气的挥发。虽然不能阻止盐溶液的吸收，但是良好的水蒸气挥发性能为形成破坏性较小的表面风化行为提供了条件。虽然，

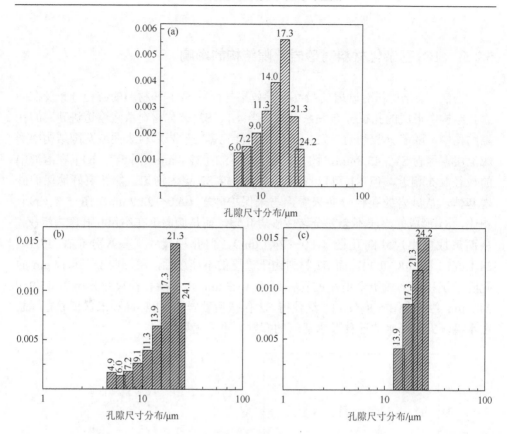

图 5-8　未保护砂岩（a）及 SiO$_2$-g-PMMA-b-P12FMA（S1，b）、SiO$_2$-g-O(Me$_2$Si)$_n$OH（S2，c）杂化材料保护后砂岩样品的孔径分布

　　亲水型 S2 杂化材料可形成低聚的 Si—O—Si 结构填充在砂岩孔内，但是其对砂岩机械性能的提高确实不及可以成膜的疏水型 S1 杂化材料。除此以外，疏水型 SiO$_2$-g-PMMA-b-P12FMA（S1）材料的引入，也可能降低了盐晶体与砂岩孔壁之间的界面能量。一般来说，当盐晶体占据达到砂岩孔隙一定体积后就会产生结晶压力，而疏水型材料对砂岩界面能量的降低可能降低了受限空间中晶体生长所产生的最大压力，因此，虽然有晶体在孔隙中生长，但不会产生破坏行为。这可能是疏水型 S1 杂化材料保护后砂岩耐盐风化性能极大提高的另一个重要原因。因此，疏水型 SiO$_2$-g-PMMA-b-P12FMA（S1）杂化材料比亲水型 SiO$_2$-g-O(Me$_2$Si)$_n$OH（S2）材料在耐盐风化性能的提升方面更具优势。

　　另外，在 480 h 的紫外光老化作用下，疏水型 SiO$_2$-g-PMMA-b-P12FMA（S1）和亲水型 SiO$_2$-g-O(Me$_2$Si)$_n$OH（S2）两种杂化材料的涂层组成［图 5-9（a）、（b）］及砂岩表面颜色均没有发生变化［图 5-9（c）、（d）］，说明两种杂化材料具有良好的耐紫外光老化性，可用于户外石质文物的保护。

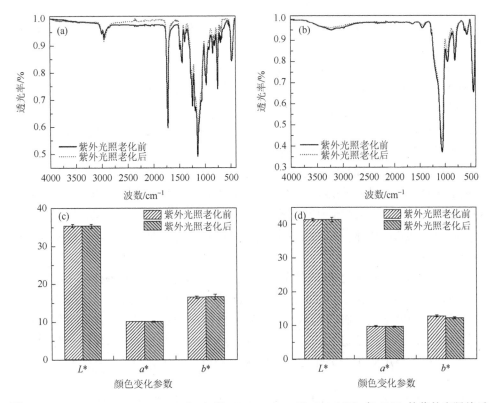

图 5-9　SiO$_2$-g-PMMA-b-P12FMA（S1）和 SiO$_2$-g-O(Me$_2$Si)$_n$OH（S2）在 480 h 的紫外光照前后
涂层的红外谱图（a，b）及保护后砂岩的色差变化（c，d）

5.2.6　小结

为了对比亲/疏水型杂化材料对大佛寺红砂岩的保护作用，本节采用浸泡法通过毛细吸收将亲/疏水型 SiO$_2$ 基杂化材料作用于砂岩孔隙结构中，对其保护砂岩孔隙结构、水力学系数和在三种水盐老化循环（NaCl、Na$_2$SO$_4$ 和 NaCl-Na$_2$SO$_4$）中的表观形貌和质量变化进行评估。具体结果小结如下所述。

（1）Na$_2$SO$_4$ 和 NaCl-Na$_2$SO$_4$ 混合盐对大佛寺砂岩的破坏程度比 NaCl 严重：大佛寺砂岩样品在第 2 次 NaCl-Na$_2$SO$_4$ 混合盐老化循环后就完全粉化；在第 4 次 Na$_2$SO$_4$ 老化循环后便开始出现裂纹或大量的质量损失。这两种盐循环对砂岩样品如此快速的破坏行为可能归咎于亲水性砂岩吸收大量盐溶液在干燥过程中在孔内析出的无水芒硝 Na$_2$SO$_4$（Ⅴ）晶体或聚集的 NaCl-Na$_2$SO$_4$ 晶体再次溶解后形成高度超饱和溶液，快速析出芒硝晶体（Na$_2$SO$_4$·10H$_2$O）或 NaCl-Na$_2$SO$_4$ 聚集晶体，对砂岩孔壁产生巨大结晶压力，形成严重的内部风化。而 NaCl 具有很高的溶解性和对环境温湿度的低反应性，使得 NaCl 晶体的生长速率很慢，易在砂岩表面沉积，形成破坏性较小的表面风化。因此砂岩在 NaCl 的破坏现象主要表现为表面砂岩颗粒的脱落。

（2）疏水型 SiO_2-g-PMMA-b-P12FMA（S1）对砂岩样品的保护性能优于亲水型 SiO_2-g-O$(Me_2Si)_n$OH（S2）杂化材料：尽管两种 SiO_2 基杂化材料都能够增强砂岩机械强度，提高砂岩的耐盐风化能力，但是疏水型 SiO_2 基杂化材料依靠 SiO_2与砂岩基体形成强（Si—O 键）相互作用，PMMA 的高成膜性和 PDFHM 的低表面能可促进其在砂岩基体内形成疏水保护涂层，有效阻止外来可溶盐在孔隙聚集沉积，从而具备更加优异的耐水盐风化能力。而亲水型 SiO_2 基杂化材料虽然可以无机 Si—O—Si 结构填充砂岩基体，但其对砂岩机械强度的增强作用不及疏水型SiO_2 涂层；而且其亲水性促使保护砂岩吸收大量可溶盐，加速孔内盐晶体的积累；但同时由于其较高的水蒸气透过性促使盐溶液向砂岩表面迁移，可形成破坏性较小的表面风化行为。

（3）当盐溶液来源于砂岩外部的情况下，疏水型 SiO_2-g-PMMA-b-P12FMA（S1）杂化材料可能为石质文物的耐盐长久保存带来希望。但是，考虑到实际环境中，盐溶液通常通过毛细作用从石质文物的内部向表面迁移，因此尚需使用其他耐盐风化性能测试方法进行验证，尤其对于结晶盐在疏水层内部累积会对砂岩基体产生怎样的作用效果，仍需进一步确认。

5.3 亲/疏水型硅基材料黏接保护砂岩的耐盐风化性能研究

本节使用三种硅基杂化材料，包括一种亲水性 silica/PVA 杂化材料和两种分别使用溶液和接枝方法合成的 POSS 基环氧杂化疏水性材料 P(GMA-MAPOSS)和PGMA-g-P(MA-POSS)。

样品 1（silica/PVA）是通过聚乙烯醇（PVA，AH-26）水溶液与硅溶胶共混形成，硅溶胶的大量羟基与 PVA 相互作用生成 Si—O—C 键，使得该杂化溶液高度透明均一，成膜后具有亲水性。其中，硅溶胶是使用浓盐酸水解正硅酸乙酯（TEOS，>99%，$C_8H_{20}O_4Si$）所得，其中水和正硅酸乙酯的摩尔比为 1。

样品 2[P(GMA-MAPOSS)]是使用自由基聚合的方法将质量比为 1∶0.4 的甲基丙烯酸异丁酯化笼形倍半硅氧烷（MA-POSS，99.9%，$C_{35}H_{74}O_{14}Si_8$）和甲基丙烯酸缩水甘油酯（GMA，97%，$C_7H_{10}O_3$）进行共聚反应后，使用催化型固化剂$N,N,N',N,'N''$-五甲基二亚乙基三胺（PMDETA，99%，$C_9H_{23}N_3$）进行环氧开环。

样品 3[PGMA-g-P(MA-POSS)]是将线型聚甲基丙烯酸缩水甘油酯（l-PGMA，M_n = 8865）与 MA-POSS 通过原子转移自由基聚合（ATRP）而成。其中，线型聚甲基丙烯酸缩水甘油酯（l-PGMA）是将 GMA 单体通过自由基聚合和直接开环反应而成。三种杂化黏接材料的化学结构和分子量等信息如图 5-10 所示。对

silica/PVA、P(GMA-MAPOSS)和 PGMA-*g*-P(MA-POSS)三种杂化材料的溶液（流动性、界面润湿性）、涂层（疏水性、拉伸强度、弹性模量、黏接强度、涂层表面形貌及官能团和黏接界面形貌）和黏接保护砂岩的孔径结构、水循环、耐盐风化性能和孔内 Na_2SO_4 盐结晶形貌进行评估分析,讨论不同材料保护砂岩孔内 Na_2SO_4 结晶行为对宏观破坏行为的决定性作用。

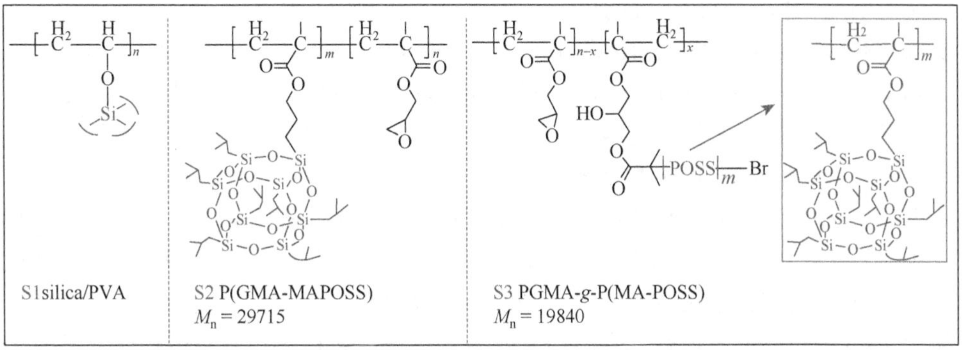

S1silica/PVA	S2 P(GMA-MAPOSS) $M_n = 29715$	S3 PGMA-*g*-P(MA-POSS) $M_n = 19840$	

图 5-10　三种硅基杂化材料的化学结构及分子量

通过对砂岩样品在 NaCl、Na_2SO_4 和 $NaCl$-Na_2SO_4 混合盐湿热老化循环中破坏现象的观测可知,NaCl 的破坏程度较小,砂岩出现破坏需要的周期较长,因此观测预期盐风化现象所需要的时间太久;$NaCl$-Na_2SO_4 混合盐的破坏性太强,破坏速率太快,可能会遗漏老化过程中的破坏现象;而 Na_2SO_4 破坏程度介于两者之间,且破坏机理已被广泛研究,因此本章仅使用 Na_2SO_4 作为盐结晶老化试剂。耐盐循环方法与 5.2 节所述一致,仅用图 5-11 对黏接砂岩样品、涂覆防水涂层和耐盐结晶老化循环的全过程进行表述。

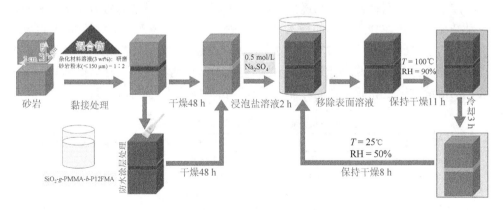

图 5-11　砂岩黏接、防水涂层处理和耐盐结晶老化循环流程图

5.3.1 三种黏接材料的流动性及表面润湿性

黏接材料溶液的流动性及其对被黏接基体的润湿性能决定了材料的渗透性能。如果溶液黏度过高，流动性差，材料会过早聚集成膜而无法迁移到期望的渗透深度，甚至会影响被保护基体的原始形貌；但是如果黏度过低，材料的黏接强度又可能会太低，因此适宜的黏度非常重要。在砂岩基体中，黏接材料的溶液主要依靠孔隙的毛细管作用力迁移至孔内，因此保护溶液对孔壁的润湿性越好，越有利于其在砂岩孔隙中的迁移，从而达到更好的渗透保护效果。本节三种黏接材料的黏度及润湿性数据如表 5-4 所示，其中纯 PVA 和 PGMA 溶液用来进行对比。与 PVA 溶液（18.9 mPa·s）相比，silica/PVA 溶液的黏度（66.8 mPa·s）更高，这是由于杂化材料中的二氧化硅溶胶（二氧化硅纳米颗粒和低聚体）与 PVA 链段形成较强的相互作用（形成 Si—O—C 键），从而限制了柔性 PVA 链段的运动，如图 5-12 所示。而相比于 PGMA（3.4 mPa·s）、P(GMA-MAPOSS)（S2，1.3 mPa·s）和 PGMA-g-P(MA-POSS)（S3，1.8 mPa·s）两种杂化材料溶液黏度均明显降低，这与环氧基团的开环程度有关。叔胺基试剂属于催化型开环试剂，加热固化时，会使 PGMA 链间的环氧基团开环并形成带有负电荷的活性 C—O—键，该活性键可以不断与环氧基团反应并开环，传递负电荷，从而使 PGMA 链间形成交联网状结构。而 P(GMA-MAPOSS)（S2）和 PGMA-g-P(MA-POSS)（S3）两种黏接材料，由于在 PGMA 链间随机排布的 MA-POSS 链段具有一定程度的空间位阻，减少 PGMA 链间的有效相互作用，形成低密度的三维网状结构，因此黏度下降，如图 5-13 所示。一般来说，分子质量越大黏度越高，但是具有较高分子质量的 S2（29700 g/mol）黏度却低于 S3（19840 g/mol）。这可能是因为 S3 中随机排布的 MA-POSS 链段更为聚集，形成更宽的分子量分布，从而增大黏度。总的来说，由于 S2 和 S3 溶液的黏度较低，这两种材料的渗透性能会比 S1 更好一些。从静态接触角数据来看，三种杂化材料滴在玻璃基体的静态接触角均低于 50°，表现出良好的润湿性能。而且相对于 S1（SCA = 42.7°）和 S2（SCA = 38.8°）来说，S3（SCA = 16.8°）的润湿性能更好，因此 S3 的渗透性能可能会优于其他两种材料。在后面的分析中，会使用溶液的黏度和润湿性能对保护后砂岩孔结构的改变进行说明。

表 5-4　硅基杂化溶液的黏度及其表面润湿性

样品名称	分散剂	黏度/(mPa·s)	静态接触角/(°)
PVA	H_2O	18.9±0.2	48.0±1.8
silica/PVA	C_2H_5OH/H_2O	66.8±1.7	42.7±0.7
PGMA	$CHCl_3$	3.4±0.4	43.8±4.3
P(GMA-MAPOSS)	$CHCl_3$	1.3±0.2	38.8±2.4
PGMA-g-P(MA-POSS)	$CHCl_3$	1.8±0.3	16.8±2.7

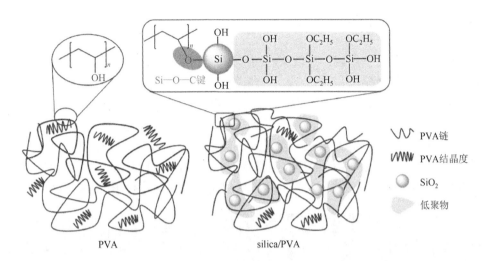

图 5-12 PVA 及 silica/PVA 杂化材料溶液的结构组成示意图

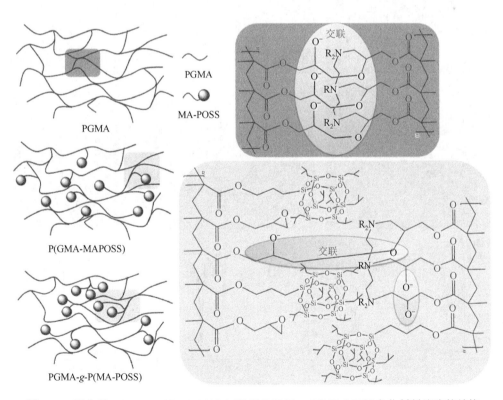

图 5-13 固化后 PGMA、P(GMA-MAPOSS)及 PGMA-g-P(MA-POSS)杂化材料溶液的结构
示意图

5.3.2　三种黏接材料的涂层性能

黏接材料固化使用后，是以涂层的形式与被黏接基体相互作用，其表面和机械性能对于黏接效果至关重要。本小节着重对黏接材料涂层的表面形貌、疏水性、黏接接头形状和分布以及涂层的拉伸强度、弹性模量、黏接强度等机械性能进行表征。图 5-14 为三种杂化材料涂层表面及横截断面的扫描电镜图。从图中可以看到，silica/PVA（S1）涂层表面平整均匀，静态水接触角为 33.5°，表现为亲水性 [图 5-14（a）]，且其横截断面形貌也很均一 [图 5-14（a1）]，这是因为 PVA 链段与 SiO$_2$ 纳米粒子之间形成了稳定的相互作用 [Si—O—C 键，图 5-14（a2）] 增加

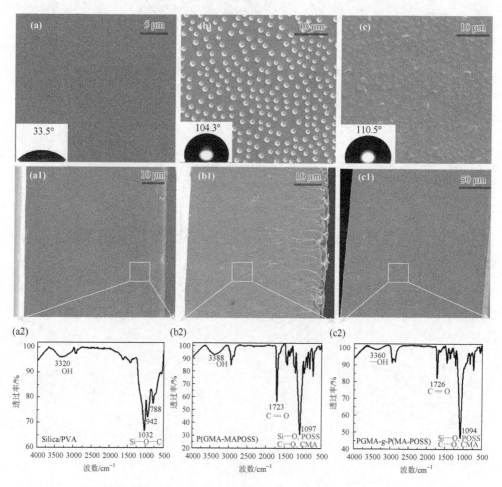

图 5-14　三种杂化材料涂层的表面和横截断面形貌、静态水接触角（WCA）及红外谱图

silica/PVA（a、a1、a2），P(GMA-MAPOSS)（b、b1、b2），PGMA-g-P(MA-POSS)（c、c1、c2）

了有机链段与无机粒子之间的兼容性，从而形成统一均匀的高透明膜。P(GMA-MAPOSS)（S2）涂层表现出疏水性能（WCA = 104.3°），表面均匀分布着直径约为 2 μm 圆形凹坑［图 5-14（b）］，其横截面粗糙度较大，分布着由气泡形成的小孔［图 5-14（b）、（b1）］。而 PGMA-g-P(MA-POSS)（S3）涂层表面疏水（WCA = 110.5°），也分布着一些较浅的圆形凹坑［图 5-14（c）］，但其横截面相对 S2 来说比较规整均匀，但也有气泡留下的小孔［图 5-14（c）、（c1）］，同时涂层表面出现方片状晶体，推测是 MA-POSS 链段聚集后结晶而成。开环固化的 S2 和 S3 涂层表面形成许多羟基基团［图 5-14（b2）、（c2）］，可增强其与砂岩基体的相互作用力。而它们表面形成的规律排布的多孔结构是杂化材料溶液挥发过程中，空气中的水滴在其表面进行有序排布形成的。由于溶剂挥发速度比水溶液快，水滴在涂层表面有序排列沉积并挥发后，留下多孔结构。这种方法被称为水模板法，常用于制备多孔膜材料。

黏接材料涂层的机械强度反映其抵抗外力作用的能力，这与材料的化学组成及其链段间相互作用息息相关。图 5-15 为三种杂化材料涂层的应力应变曲线及其拉伸强度（TS）和弹性模量（EM）。由图 5-15（a）可以看出，与纯 PVA 膜（TS = 48.1 MPa，EM = 1.7 MPa）相比，silica/PVA（S1）涂层的拉伸强度（80.3 MPa）和弹性模量（29.5 MPa）都显著升高，但后者的最大伸长量（4%）仅为纯 PVA（206%）的五十分之一，说明二氧化硅纳米颗粒的加入可以显著提高涂层的强度但同时会降低其柔韧性。而与纯 PGMA 涂层［TS = 24.8 MPa，EM = 9.7 MPa，图 5-15（b）］相比，P(GMA-MAPOSS)（S2）涂层的拉伸强度（11.5 MPa）和断裂伸长量（2%）均明显下降，但其弹性模量（10.7 MPa）略有增加。而 PGMA-g-P(MA-POSS)（S3）涂层的拉伸强度（2.6 MPa）和弹性模量（1.6 MPa）都显著降低，但其断裂伸长率相比 PGMA（4%）提升至 16%。相对于纯 PGMA 来说，两种掺杂 MA-POSS 链段杂化材料涂层机械性能的改变，是 MA-POSS 链段与 PGMA 结构和链间相互作用的结果。使用叔胺基催化型试剂固化 PGMA 后，环氧基团之间会不断传递负电荷，形成高密度的三维网状结构。而两种杂化材料在 PGMA 链段间随机插入单个或多个 MA-POSS 链段，这些笼状结构 POSS 链段产生的空间位阻会降低环氧基团之间的电荷传递，从而降低交联密度，因此 S2 和 S3 两种杂化材料的拉伸强度均显著降低。刚性 POSS 链段的嵌入使得 S2 涂层的机械硬度增加，与 PGMA 相比，要达到相同的拉伸形变，需要更大的力，因此 S2（10.7 MPa）的弹性模量较 PGMA（9.7 MPa）略高一些。而 S3 材料结构中以多个 MA-POSS 链段聚集的形式嵌入 PGMA 链段间，产生的空间位阻更大，对环氧基团间的相互作用影响更大，因此进一步降低了交联密度，使得 S3 的拉伸强度比 S2 更小。但是也正是因为链间交联密度的降低，S3 链段间更易于相对运动，因此其断裂伸长率相应增大。这些结果足以说明 POSS 链段对涂层结构和机械性能的重要影响。

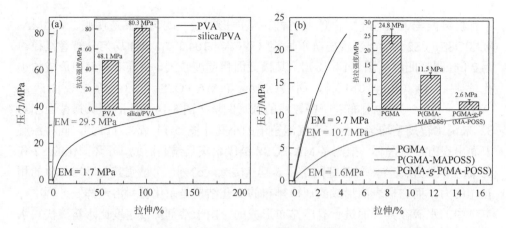

图 5-15　三种硅基杂化材料涂层的应力应变曲线及其拉伸强度（TS）和弹性模量（EM）：
（a）silica/PVA；（b）P(GMA-MAPOSS)和 PGMA-g-P(MA-POSS)

5.3.3　黏接强度及黏接界面

　　保护材料的黏接强度及黏接界面直接影响其最终的黏接效果。从图 5-16（a）可以看到，silica/PVA 的黏接强度（1.9 MPa）比纯 PVA（0.8 MPa）提升了约 1.4 倍，这是因为二氧化硅纳米颗粒与 PVA 链段间形成了强化学相互作用，生成 Si—O—C键，而且刚性的无机纳米颗粒可以显著提高涂层的机械强度［图 5-16（a）］。除此以外，PVA 黏接断裂界面呈现出光滑并带有一些小裂纹的涂层，说明 PVA 的黏接失效是黏接力和内聚力双重失效的结果。而 silica/PVA 拉开后的黏接界面呈现出具有凹凸的粗糙结构，说明 silica/PVA 与玻璃基体间形成较强的相互作用力，以至于在拉伸实验中，常常出现玻璃片断裂而黏接面未拉开的现象。由此可见，二氧化硅纳米颗粒是提升 silica/PVA 的黏接强度的关键。首先，二氧化硅凝胶与 PVA 链段间形成稳定的 Si—O—C 化学键，提升了涂层的内聚力；其次，刚性二氧化硅纳米颗粒表面大量的羟基活性基团与黏接界面相互作用形成粗糙结构，同时增强了材料与玻璃基体之间的化学和物理两种相互作用，极大提升了材料的黏接强度。

　　与 PGMA（1.13 MPa）相比，P(GMA-MAPOSS)（S2，1.68 MPa）的黏接强度略有提高，而 PGMA-g-P(MA-POSS)（S3，1.06 MPa）略有降低［图 5-16（b）］。这两种 POSS 基黏接材料在设计时，是想通过引入 MA-POSS 链段在提高材料的耐久性和疏水性的同时，保留环氧的强黏接性能。从黏接强度的角度上来看，POSS 链段的影响并不显著，但三种材料的黏接开裂面都属于理想的 100%黏接层内聚力失效结果。PGMA 的黏接失效发生在构成网状结构聚合物涂层间，而 S2 黏接开裂界面处形成许多微米级的圆形凸起和凹陷（黏接失效位点），这种结构犹如壁虎的脚一样，被很多文献证明可以提高黏接强度。S3 黏接失效后的界面呈现多孔的疏松涂层，该涂层内聚力较低，可能是链间交联度较低的结果。另外，黏接材料与玻璃基体间相互作用越强，黏接强度才能越高，因此环氧固化后形成的活性 C—O 基团是黏接材料与玻璃基体产生相互作用的关键。由于 S2 的分子量较大，且环氧开环反应是在最后一步进行的，因此有较多的活性 C—O 基团与玻璃基体相互作用，形成较高的黏接强度（1.68 MPa）；而 S3 材料合成过程中部分环氧基团先开环参与反应，使得最终黏接应用时可使用活性基团少，因此黏接强度（1.06 MPa）较低。

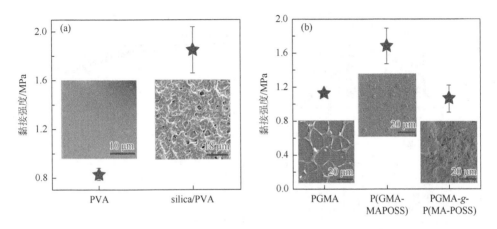

图 5-16　三种硅基杂化材料的黏接强度及黏接面形貌

5.3.4　黏接砂岩基体的耐盐风化性能

黏接材料应用后对砂岩基体的黏接效果及耐盐风化性能是通过将 3 种硅基杂化材料黏接后砂岩样品放入 Na_2SO_4 结晶老化循环中来进行评估的。从图 5-17（a）中可以看出随着老化循环次数的增加，silica/PVA 黏接后砂岩的表面砂粒不断脱落形成粗糙的表面形貌，且未处理的基体表面脱落更为显著。三个平行样品（P1～P3）分别在第 35 和第 37 次循环后发生黏接界面断裂，且在 37 次循环后，S1 黏接的砂岩样品损失 2.2%～4.3%的质量，但每次循环中砂岩的吸盐量均保持为约 1%。这些结果说明 silica/PVA 对砂岩基体具有良好的黏接效果。然而，两种 POSS 基杂化材料黏接的砂岩样品在 Na_2SO_4 湿热老化循环中表现出较差的耐盐风化性能 [图 5-17（b）、（c）]。P(GMA-MAPOSS)（S2）黏接的砂岩样品（P4～P6）吸收盐溶液量为 7%，在第 7 次循环后就开始出现裂纹并迅速发展，在第 8 次循环后界面就出现黏接失效，并伴随着大量的质量损失 [9%～46%，图 5-17（b）]。由于裂缝出现后才开始出现大量的质量损失，说明盐的破坏行为先作用在黏接界面处。而 PGMA-*g*-P(MA-POSS)（S3）黏接的砂岩样品（P7～P9）在 Na_2SO_4 湿热老化循环中表现出恒定的盐溶液吸收量（6%）和不断缓慢增长的质量损失

（＜21%），直至第 7 次循环后，其中一个样品出现黏接界面开裂，其他两个平行样品在第 10 次循环之前也相继黏接失效[图 5-17（c）]。

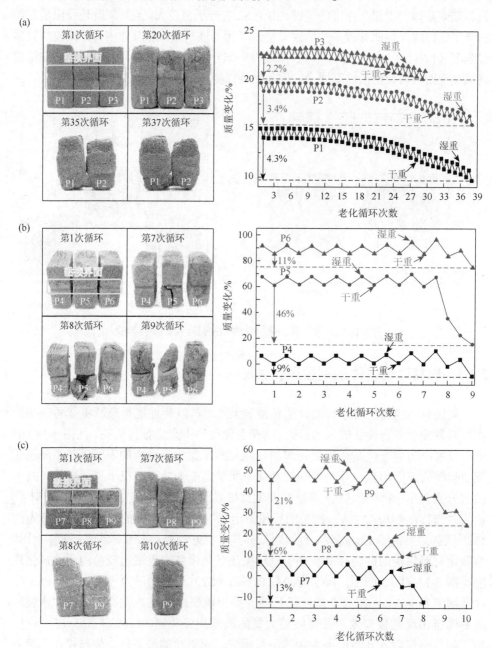

图 5-17 三种硅基杂化材料黏接砂岩样品在 Na_2SO_4 湿热老化循环中的表面形貌和质量变化曲线

（a）silica/PVA 黏接样品（P1～P3）；（b）P(GMA-MAPOSS)黏接样品（P4～P6）；（c）PGMA-g-P(MA-POSS)黏接样品（P7～P9）

　　由于不同材料渗透进入砂岩孔结构后，会改变砂岩的微孔结构及孔壁界面状态，因此以上老化破坏现象可能与 Na_2SO_4 在不同砂岩微孔环境中形成的不同结晶行为有关。图 5-18（a）～（d）为三种杂化保护材料渗透进入孔结构前后，砂岩颗粒表面形貌的变化。可以看出，砂岩颗粒表面分布着一层花瓣状结构的硅基胶结质，这层胶结质的元素组成包括质量分数分别为 52%的 O 元素、26.4%的 Si 元素、8.29%的 C 元素、7.98%的 Al 元素、4.6%的 Mg 元素、2.51%的 Fe 元素、1.26%的 K 元素和 0.71%的 Ca 元素，其中以硅氧含量最高，因此判定为硅基胶结质。而三种含硅基杂化材料主要作用在胶结质表面形成保护涂层。由于 silica/PVA 具有亲水性，因此其处理后砂岩的吸水量（11.4%）与未处理砂岩（11.5%，表 5-5）相近。但是，与未处理砂岩 [6.0～24.2 μm，图 5-18（e）] 相比，silica/PVA 倾向于在大尺寸孔隙（17.3～24.2 μm）中成膜，形成许多小尺寸空隙（0.2～5.0 μm），这说明黏稠的 silica/PVA（S1，66.8 mPa·s，表 5-4）溶液渗透深度较浅，仅能在砂岩浅表层孔隙中填充并形成涂层，阻挡汞滴的渗入，以至于测量到的孔隙率仅为 4.9%。而黏度较小的 P(GMA-MAPOSS)（S2，1.3 mPa·s）和 PGMA-g-P(MA-POSS)（S3，1.8 mPa·s）可以渗透至更深的孔结构，成膜后分别产生更小尺寸（0.7～6.0 μm 和 0.4～4.9 μm）的孔隙。由于 S2（31.0%）和 S3（32.1%）材料在砂岩孔隙中成膜后会填充一部分孔，因此测得的孔隙率相对于未处理砂岩（34.9%）均略有下降。同时，由于 POSS 基杂化材料涂层具有疏水性，S2（5.9%）和 S3（6.3%）处理后的砂岩样品吸水量都大幅降低。

表 5-5　三种硅基杂化材料处理前后砂岩样品的孔隙率和吸水量

砂岩样品	分散剂	孔隙率/%	吸水量/%
未处理样品	—	34.9	11.5±0.2
silica/PVA 保护样品	C_2H_5OH/H_2O	4.9	11.4±0.4
P(GMA-MAPOSS)保护样品	$CHCl_3$	31.0	5.9±0.1
PGMA-g-P(MA-POSS)保护样品	$CHCl_3$	32.1	6.3±0.2

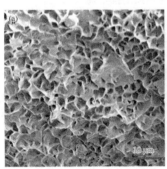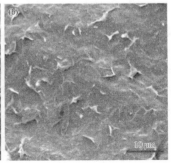

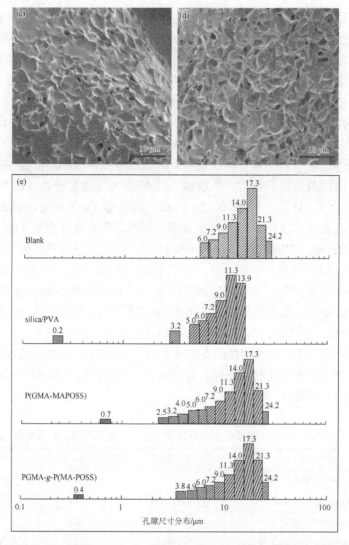

图 5-18   未处理（a）和 3 种硅基杂化材料 silica/PVA（b）、P(GMA-MAPOSS)（c）、PGMA-*g*-P(MA-POSS)（d）处理砂岩内部的扫描电镜形貌及其孔径分布（e）

5.3.5　Na₂SO₄ 在黏接砂岩基体内的结晶行为

为了观测 Na_2SO_4 在黏接砂岩基体内的结晶行为，本节使用钨灯丝扫描电镜对老化后的砂岩样品切片进行观测，如图 5-19 所示。在未处理砂岩内部，大量树枝状 Na_2SO_4 晶体包裹在砂岩颗粒及其连接处［图 5-19（a）］，说明亲水性的硅基胶结质［图 5-18（a）］可以为 Na_2SO_4 提供大量的结晶位点。而亲水性的 silica/PVA（S1）保护的砂岩内部，Na_2SO_4 也是以树枝状晶体的形式包裹在砂岩颗粒及其接

缝处 [图 5-19（b）、（b1）]。但是，在疏水性 P(GMA-MAPOSS)（S2）和 PGMA-*g*-P(MA-POSS)（S3）保护的砂岩内部，Na_2SO_4 表现出不同的结晶行为。S2 保护的砂岩内部，细长的针状 Na_2SO_4 晶体生长在孔内和接缝处，而非附着在砂岩颗粒表面 [图 5-19（c）、（c1）]。而在 S3 保护的砂岩内部，Na_2SO_4 形成许多椭球形晶体聚集在砂岩颗粒表面和接缝处 [图 5-19（d）、（d1）]。

这些不同形貌的 Na_2SO_4 晶体为三种不同杂化材料黏接后砂岩样品在 Na_2SO_4 湿热老化循环中的破坏现象提供了合理的解释。自然条件下，亲水的砂岩颗粒表面易于被盐溶液润湿并附着结晶。因此，未保护的砂岩样品在老化循环中，主要表现为表面砂岩颗粒由外而内层层脱落，形成大量的质量损失。而亲水性的 silica/PVA 依靠 SiO_2 表面的 Si—OH 基团和 PVA 链段的 C—OH 基团与砂岩基体形成强相互作用力，且由于 silica/PVA 涂层的强机械强度，极大提升砂岩基体的机械性能，同时保留砂岩孔壁的亲水性能，不影响 Na_2SO_4 的自然结晶行为，使其形成破坏性较小的表面风化，因此保护砂岩的破坏现象仍以表面砂岩颗粒脱落为主。而黏接保护的区域由于机械强度和黏附力的增强，表现出更少的质量损失 [图 5-17（a）]。但是在 35 次老化循环过程中，盐结晶不断积累生长，产生更大的结晶压力，且由于 silica/PVA 自身耐水性不足，使得黏接界面开裂。而 S2 保护的砂岩内部，黏接界面孔内径向生长的针状晶体 [图 5-19（c1）]比沿砂岩颗粒表面生长的树枝状晶体 [图 5-19（a1）]产生的晶体压力更大。虽然 S2 依靠环氧基团开环形成的 C—O 活性基团可与砂岩基体形成强相互作用，且 S2 涂层机械强度高，可大幅提升砂岩基体强度；但在孔内针状晶体生长压力的作用下，S2 黏接形成的亲/疏水界面会产生机械应力，造成界面处的相对位移；随着相对位移的不断增大，晶体压力会传递至邻近孔壁，直至最终形成肉眼可见的裂纹和黏接界面断裂。S3 保护的砂岩内部，椭球形 Na_2SO_4 晶体聚集地生长在砂岩颗粒表面和孔内，其生长时需要积累到一定量才会对砂岩孔壁产生压力，因此 S3 黏接的砂岩样品最初破坏现象表现为表面砂粒的脱落 [图 5-17（c）]。随着晶体的积累，结晶压力不断增大，同时由于 S3 结构中 MA-POSS 聚集体无规分散在 PGMA 链段间，形成低密度的三维网络涂层，机械强度低 [图 5-15（b）]；且与砂岩基体相互作用 C—O 活性基团少，黏接强度 [图 5-16（b）]低，使得其黏接界面在第 7 次老化循环后就出现开裂。

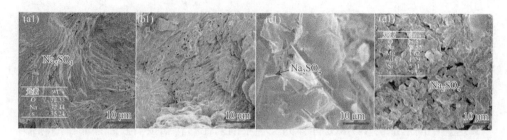

图 5-19　Na$_2$SO$_4$ 在未保护（a）和 silica/PVA（b）、P(GMA-MAPOSS)（c）、PGMA-g-P(MA-POSS)
（d）保护砂岩内部的结晶行为及其各自的局部放大图（a1～d1）

　　由于砂岩孔内的晶体非常小，因此不易于取样进行晶相测试。但是在自然环境中只有两种无水相硫酸钠晶体 Na$_2$SO$_4$（Ⅲ，不稳定相）和 Na$_2$SO$_4$（Ⅴ，稳定相）以及一种含水稳定相芒硝（Na$_2$SO$_4$·10H$_2$O）晶体会被经常观测到，且三种不同晶态的结晶形貌大不相同，因此对于砂岩内部沉积的这些不同形貌的硫酸钠晶体可以给出一个合理的推测。由于本节使用的盐结晶老化循环包括常温下在盐溶液中浸泡 2 h，然后在 100℃/90%温湿条件下干燥再降低温湿度至 25℃/50%。一般情况下，含水的芒硝晶体只能在低于 32.4℃时才能结晶，因此在本实验中仅可能出现在浸泡盐溶液的阶段。而干燥时，由于温度很高，只可能有不稳定相 Na$_2$SO$_4$（Ⅲ）和稳定相 Na$_2$SO$_4$（Ⅴ）两种无水硫酸钠出现。不稳定的 Na$_2$SO$_4$（Ⅲ）晶体通常为针状或树枝状，而 Na$_2$SO$_4$（Ⅴ）通常为菱形或者棱柱体。因此图 5-19（a1）～（c1）中的晶体都应该是 Na$_2$SO$_4$（Ⅲ）晶体，而图 5-19（d1）中的椭球状晶体很可能是 Na$_2$SO$_4$（Ⅴ）在溶解-重结晶过程中没有完全溶解形成的。

　　从以上结果可以看到，三种杂化材料黏接后砂岩样品耐盐风化性能较差，尤其是疏水型材料黏接的砂岩样品，造成严重的破坏现象，因此本节尝试涂覆防水涂层来提升黏接砂岩的耐盐风化性能。采用浸泡法和刷涂法将防水涂层 SiO$_2$-g-PMMA-b-P12FMA 作用在三种硅基材料黏接的砂岩样品表面，并再次记录这些样品在 Na$_2$SO$_4$ 湿热老化循环中的质量和表观形貌变化，如图 5-20 所示。进行防水处理的 silica/PVA（S1）黏接样品（P10～P12）在 60 次老化循环后仍未见任何破坏现象，3 个平行样品的表观形貌、盐溶液吸收量（<1%）和质量损失均没有明显变化［图 5-20（a）］。而 P(GMA-MAPOSS)（S2）黏接的砂岩样品（P13～P15）分别在第 20 次、第 35 次和第 60 次循环后黏接作用失效，界面断裂。P13～P15 三个平行样品在老化循环前期吸盐量均小于 1%，随后迅速增长至 8%直至出现界面黏接失效，但整个循环过程中，砂岩样品没有明显的质量损失［图 5-20（b）］。而 PGMA-g-(MA-POSS)（S3）黏接的砂岩样品（P16～P18），在第 20 个老化循环前，先出现表面涂层脱落，随后开始出现内层基体砂岩颗粒脱落，直至第 45 次

循环后出现黏接界面断裂。三个平行样品在第 11 次老化循环之前，吸盐量均低于 2%，随后增长至 8%，并一直保持直至黏接失效，说明防水涂层在第 11 次循环后就开始遭到破坏直至第 20 次循环完全脱落。涂覆防水涂层形成的亲/疏水界面处，大量的质量损失（18%～34%）和最终的黏接失效使得砂岩样品完全被破坏。从以上结果可以看出，防水涂层 SiO_2-g-PMMA-b-P12FMA 可以在一定程度上提升砂岩的耐盐风化性能，但是只有浸泡保护法，能够使其发挥更佳的保护效果。

与未涂覆防水涂层的砂岩黏接样品相比，涂覆防水涂层黏接样品的破坏现象完全不同。为了弄清楚原因，使用钨灯丝扫描电子显微镜观测 Na_2SO_4 在 SiO_2-g-PMMA-b-P12GFMA 处理砂岩内部的结晶行为，如图 5-21 所示。从图 5-21（b）中可以看到，SiO_2-g-PMMA-b-P12FMA 处理的砂岩内部，长短不一的针状 Na_2SO_4 晶体犹如杂草般松散地分布在砂岩颗粒表面。由于 silica/PVA 黏接的砂岩采用浸泡法涂覆防水材料，使得防水材料能够更均匀地渗入砂岩孔结构中，保证砂岩基体的同质性，因此可有效阻止外来盐溶液的吸收，降低盐的破坏行为。但是，采用刷涂法进行防水处理的 S2 和 S3 黏接样品，防水材料渗透深度较浅，无法有效阻止盐溶液的吸收，使 Na_2SO_4 晶体在砂岩内部形成不同的破坏行为。与 SiO_2-g-PMMA-b-P12FMA 界面处松散分布的针状 Na_2SO_4 晶体相比，P(GMA-MAPOSS)（S2）黏接界面径向生长的针状晶体［图 5-19（c）］生长时产生的结晶压力更大，使得 Na_2SO_4 的破坏行为先出现在黏接界面［图 5-20（b）］。而在平衡状态下生长的椭球形晶体［图 5-19（d）］破坏性低于针状 Na_2SO_4 晶体，因此 S3 黏接砂岩样品的破坏行为表现为防水涂层的脱落［图 5-20（c）］。总的来说，Na_2SO_4 在砂岩基体的宏观破坏行为其实是不同形貌 Na_2SO_4 晶体在生长过程中产生结晶压力大小和快慢的竞争结果。因此，对于外源性的盐溶液，尽可能增加防水涂层的渗透深度，使其均匀分散在岩石基体内部，有效阻止外来盐溶液的

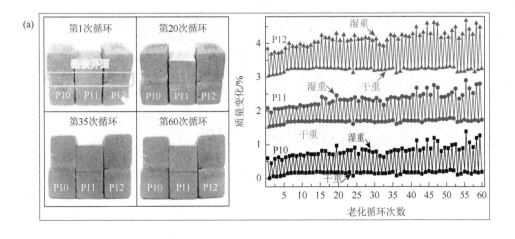

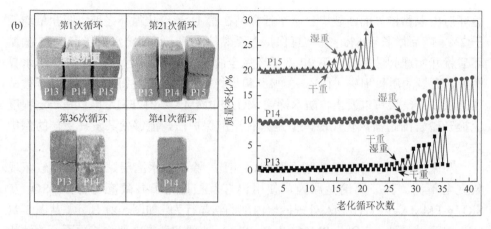

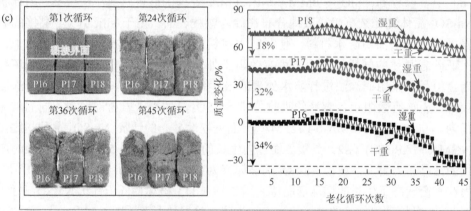

图 5-20　涂覆防水涂层 SiO$_2$-g-PMMA-b-P12FMA（CHCl$_3$）的黏接砂岩样品在 Na$_2$SO$_4$ 老化循环中的质量和表观形貌变化

（a）疏水溶液浸泡保护 30 h 的 silica/PVA 黏接样品（P10～P12）；（b）表面刷涂 5 mL 疏水涂层的 P(GMA-MAPOSS)黏接样品（P13～P15）；（c）表面刷涂 5 mL 防水涂层的 PGMA-g-P(MA-POSS)黏接样品（P16～P18）

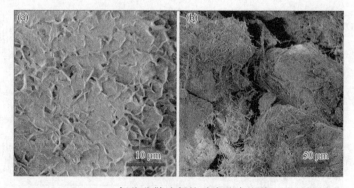

图 5-21　SiO$_2$-g-PMMA-b-P12FMA 氯仿分散液保护砂岩孔内形貌（a）及经历 Na$_2$SO$_4$ 老化循环后的内部形貌（b）

吸收，可减缓盐结晶的破坏作用；对于内源性盐溶液，使用亲水型黏接材料只增强砂岩基体的机械强度，不改变 Na_2SO_4 晶体在砂岩内部的自然结晶行为，可能更有利于降低盐结晶的破坏行为。

5.3.6　小结

本节通过对三种硅基杂化材料溶液（流动性、表面润湿性）、涂层（表面和机械性能）和对黏接保护砂岩样品的耐盐风化性能进行评估分析，具体结果小结如下所述。

（1）亲水型 silica/PVA（S1）黏接的砂岩样品在 Na_2SO_4 盐结晶老化循环中表现出最佳的耐盐风化性能：首先，其亲水特性没有改变 Na_2SO_4 在砂岩基体内部的自然结晶行为，形成破坏性很弱的表面风化；其次，SiO_2 与砂岩基体的硅羟键（Si—OH）和 PVA 链段的碳羟基（C—OH）与砂岩基体形成强相互作用，SiO_2 与 PVA 形成均匀的凝胶网络填充砂岩孔隙提升其机械性能。虽然沿着砂岩颗粒表面生长的树枝状 Na_2SO_4 晶体会破坏砂岩表面颗粒间的胶结质，使其脱落，但其产生的破坏程度较轻，因此通过增强砂岩自身的机械强度可显著提高砂岩的耐表面盐风化性能。

（2）疏水界面对 Na_2SO_4 结晶行为的改变，反而增强其结晶破坏性：在 P(GMA-MAPOSS)（S2）黏接的砂岩内部，Na_2SO_4 以细长的针状晶体出现，并生长在砂岩孔内及接缝处。这种晶体在生长过程中会直接对孔壁产生较高的结晶压力，加之 S2 依靠环氧基团开环形成的活性 C—O 键与砂岩基体形成高度结合强度，在内部针状 Na_2SO_4 晶体作用下，基体内部由于机械应力不均衡出现断裂。而 PGMA-g-P(MA-POSS)虽然也依靠活性 C—O 键与砂岩形成结合力，但是其刚性 P(MA-POSS)以多链段聚集方式无规分布在 PGMA 链间，形成低密度三维网络结构，涂层表现出较弱的黏接性能。而 PGMA-g-P(MA-POSS)（S3）保护的砂岩孔壁可促进 Na_2SO_4 溶液在平衡状态下形成椭球形 Na_2SO_4 内部风化晶体，对基体破坏性较小。因此 S3 黏接的砂岩样品在老化初期表现为表层砂粒的脱落，直至第 7 次循环后才出现黏接界面的开裂。

（3）疏水型 SiO_2-g-PMMA-b-P12FMA 保护材料只有达到一定渗透深度的情况下才能有效阻止盐溶液的吸收，降低盐的破坏行为。因此 S1 黏接样品浸泡防水涂层后，耐盐风化性能显著提高。但是当防水涂层不足以有效阻止盐溶液的吸收（如采用刷涂法）时，最终的破坏现象取决于盐晶体在哪种界面处生长产生的结晶压力更大。因此，对于内源性盐结晶破坏，疏水型材料对孔壁界面性质的改变可能造成更大的破坏性。

5.4 分散剂对 POSS 基杂化材料涂层及加固保护砂岩性能的影响

基于聚甲基丙烯酸（PMMA）树脂良好的黏接、成膜和耐水性能，含氟链段优异的低表面能，柔性聚二甲基硅氧烷（PDMS）链段增强涂层柔韧性的优点，实验室在前期工作中合成了三种 POSS 基疏水杂化保护材料 *ap*-POSS-PMMA-*b*-P(MA-POSS)（S1）、*ap*-POSS-PMMA-*b*-PDFHM（S2）、PDMS-*b*-PMMA-*b*-P(MA-POSS)（S3），它们的化学结构、组成和分子质量见表 5-6。样品 1 *ap*-POSS-PMMA-*b*-P(MA-POSS)（S1）是由氨基丙基异丁基聚倍半硅氧烷（*ap*-POSS-Br）引发甲基丙烯酸甲酯（MMA）和笼状甲基丙烯酸异丁基聚倍半硅氧烷（MA-POSS）聚合而成。样品 2 *ap*-POSS-PMMA-*b*-PDFHM（S2）是由 *ap*-POSS-Br 引发 MMA 和甲基丙烯酸十二氟庚酯（DFHM）的聚合产物。样品 3 PDMS-*b*-PMMA-*b*-P(MA-POSS)（S3）是由线型聚二甲基硅氧烷（PDMS）引发 MMA 和 MA-POSS 聚合而得。

表 5-6　三种 POSS 基杂化材料的化学结构、化学组成及分子质量

样品编号	化学结构	化学组成	分子质量/(g/mol)
S1	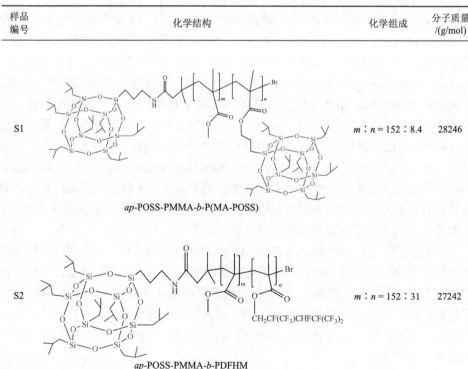 *ap*-POSS-PMMA-*b*-P(MA-POSS)	$m:n=152:8.4$	28246
S2	*ap*-POSS-PMMA-*b*-PDFHM	$m:n=152:31$	27242

样品编号	化学结构	化学组成	分子质量/(g/mol)
S3	 PDMS-*b*-PMMA-*b*-P(MA-POSS)	$m:n=408:8.2$	53560

由于具有不同介电常数和溶解度常数的分散剂与高分子链段之间的相互作用，可能会影响 POSS 基杂化保护材料分散性、溶解度等溶液性质进而影响其涂层性能的表达。因此为了保证保护材料达到最佳的预期性能，本节使用介电常数和溶解度常数各异的 THF 和 CHCl$_3$ 两种分散剂，探究其对三种 POSS 基疏水杂化材料的溶液（分散性、透光率）、涂层（表面形貌、疏水性、拉伸强度、弹性模量、黏接强度）和加固保护砂岩（孔径分布、孔隙率、超声波速、吸水量、水蒸气透过率、耐盐性）各项性能的影响，为 POSS 基杂化保护材料的保护应用提供实验依据。另外，为了探究 SiO$_2$ 基和 POSS 基两类硅基改性杂化材料的不同，本节将三种 POSS 基疏水保护材料与第 2 章的 SiO$_2$-g-PMMA-*b*-PDFHM 疏水材料的涂层和砂岩保护性能进行了对比分析，讨论 SiO$_2$ 基和 POSS 基杂化材料的优缺点。

本节采用 0.5 mol/L 的 Na$_2$SO$_4$ 盐溶液浸泡砂岩样品（$2 \times 2 \times 5 \text{cm}^3$），老化流程如图 5-22 所示。记录每次循环后砂岩样品的表观形貌和质量变化。

5.4.1　POSS 基杂化材料在 THF 和 CHCl$_3$ 中的分散性

三种 POSS 基杂化溶液（质量分数为 3%）的粒径分布如图 5-23（a）～（c）所示，可以看出三种杂化材料在 THF 中存在低聚体（7.5～8.7 nm）和胶束（396～531 nm）两种形态，但是在 CHCl$_3$ 中只有大尺寸的胶束形态（396～531 nm）存在。在 THF 中，样品 2（S2, *ap*-POSS-PMMA-*b*-PDFHM）的低聚体含量（45%）远远高于样品 1［S1, *ap*-POSS-PMMA-*b*-P(MA-POSS)，11.7%］和样品 3［S3, PDMS-*b*-PMMA-*b*-P(MA-POSS)，9.2%］，同时其胶束尺寸（122 nm）也远小于样品 1（295 nm）和样品 3（396 nm），说明样品 2 在 THF 中的溶解度较低。而样品 3 无论是在 THF（396 nm）还是 CHCl$_3$（531 nm）中胶束尺寸都比较大，表明样品 3 在两种分散剂中的溶解度都较好。高分子聚合物溶解度大小是链段与分散剂之

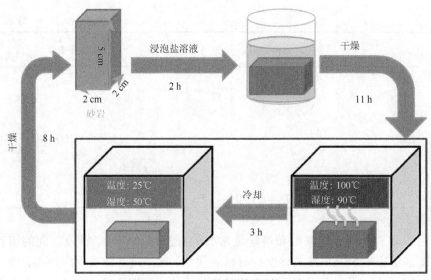

图 5-22　砂岩耐盐结晶老化循环流程图

间的相互作用力和链段之间排斥力的平衡结果。一般来说，聚合物在具有相似溶解度常数（δ）或介电常数（ε）的分散剂中溶解度更好。尽管 THF（$\delta = 18.6$ MPa$^{1/2}$）和 CHCl$_3$（$\delta = 19$ MPa$^{1/2}$）溶解度常数相似，但是 CHCl$_3$（$\varepsilon = 4.81$）的介电常数远远小于 THF（$\varepsilon = 7.58$），因此 CHCl$_3$ 比 THF 更能促使低极性聚合物链段的伸展，从而形成粒径尺寸更大的胶束。此外，三种杂化材料中的主要链段 PMMA（$\delta = 18.4 \sim 18.9$ MPa$^{1/2}$）的溶解度常数与 THF 和 CHCl$_3$ 都很相近，但其介电常数（$\varepsilon = 3.5 \sim 3.7$）更接近 CHCl$_3$（$\varepsilon = 4.81$），所以在 CHCl$_3$ 中表现出更好的溶解性。

　　同样，对于相同分散剂中不同杂化材料表现出的不同粒径分布也可以通过溶解度常数进行解释。在 THF 中，样品 S1～S3 的胶束粒径尺寸大小为 S3（396 nm）＞S1（295 nm）＞S2（122 nm）。与样品 1 中 MA-POSS 链段的溶解度 $\delta = 20.3$ MPa$^{1/2}$ 相比，样品 2 中的 PDFHM 链段溶解度常数 $\delta = 12.9$ MPa$^{1/2}$ 与 THF 的溶解度常数相似度非常低，因此 PDFHM 链段在 THF 产生卷曲形成小尺寸胶束（122 nm），如图 5-23（e）所示。而对于样品 3 来说，由于 PDMS 链段具有高溶解度（$\delta = 14.9 \sim 15.5$ MPa$^{1/2}$）和高分子量，因此其可以在 THF 中伸展为较大的胶束。然而，在 CHCl$_3$ 中，样品 S1（396 nm）、S2（396 nm）和 S3（531 nm）能够形成较大的胶束尺寸，这可能是因为 PDFHM、PDMS（$\varepsilon = 2.2 \sim 2.75$）具有与 CHCl$_3$ 相近的介电常数。因此，三种 POSS 基杂化材料在 THF 和 CHCl$_3$ 中的不同分散行为会对材料膜的性能产生影响。

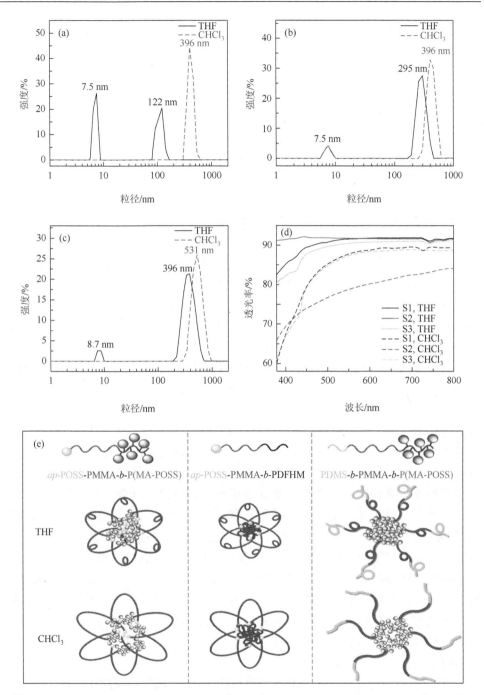

图 5-23　*ap*-POSS-PMMA-*b*-P(MA-POSS)（S1，a）、*ap*-POSS-PMMA-*b*-PDFHM（S2，b）、PDMS-*b*-PMMA-*b*-P(MA-POSS)（S3，c）在 THF 和 CHCl$_3$ 中分散的粒径分布，以及三种 POSS 基杂化材料溶液的透光性（d）和在溶液中可能存在的胶束形态（e）

另外，本章还测试了 POSS 基杂化材料溶液的透光性，如图 5-23（d）所示，测试结果与溶液的粒径分布相符。在可见光波长范围内（380～800 nm），三种杂化材料溶液在 THF（70%）中的透光率均高于在 CHCl$_3$（60%）分散液中。相比在 THF（91%～92%）中的透光率，样品 2 在 CHCl$_3$（66%～83%）中的透光率大幅降低，这可能是由于样品 2 在 CHCl$_3$（396 nm）中形成的胶束尺寸较 THF（45% 的 7.5 nm 低聚体和 55% 的 122 nm 胶束）中更大。同样的，样品 S1 和样品 S3 在 CHCl$_3$（S1: 396 nm；S3: 531 nm）中分散形成较 THF 中（S1: 295 nm；S3: 396 nm）更大尺寸的胶束也是导致其透光率降低的原因。

5.4.2　涂层的微孔结构及表面润湿性能

一般来说，聚合物膜的表面形貌不仅由化学结构、成膜条件（包括温度、湿度和基体性质）决定，溶液分散剂对其也具有一定的影响。图 5-24 为三种杂化材料使用 THF 和 CHCl$_3$ 两种分散剂成膜后的扫描电镜图，从图中可以看出分散剂对于多孔膜的形成具有重要影响。从图 5-24（a1）～（a4）可以看出，S1 的 THF 分散膜表面孔径分布为 8～10 μm，而其 CHCl$_3$ 分散膜表面孔径分布为 4～6 μm。S2 的 THF 分散膜表面为不规则排列的 2～5 μm 多孔结构［图 5-24（b1）、（b2）］，而 CHCl$_3$ 分散膜表面呈现出整齐的约 1 μm 的蜂窝状密集排列小孔围绕 2～3 μm 的大孔结构［图 5-24（b3）、（b4）］。然而 S3 的 THF 分散膜表面为非常规整排列的 2 μm 多孔蜂窝状结构，但其 CHCl$_3$ 分散膜表面也呈现出约 1 μm 的小凹孔围绕 2～5 μm 大凹孔的分布结构［图 5-24（c3）、（c4）］。杂化材料的 CHCl$_3$ 分散膜表面多孔孔径分布比 THF 分散膜更少且更小，这可能是由于 CHCl$_3$ 具有较高的黏度、更快的挥发速率以及水不混溶性。对比三种杂化材料膜，无论在 THF 还是在 CHCl$_3$ 中，S2 膜表面多孔孔径均比 S1 小，这可能是由于 S2 中含氟链段 PDFHM 的存在增加了其疏水性从而加速了 S2 在溶液/水界面处的聚集和沉积速率。而 S2 的 CHCl$_3$ 分散膜表面出现较大的融合的孔结构可能是由于 S2 分子量较低（20760）不能很好地稳定水滴地排列。但是对于 S3 来说，其柔软的 PDMS 链段具有较高的分子量（53560）和在 THF 中分散后适宜的黏度，因此能够很好地稳定排列在溶液表面的水滴形成蜂窝状结构。当然，在 CHCl$_3$ 中分散形成较高黏度的溶液会抑制水滴在溶液中的嵌入深度，因此形成了较浅的凹凸结构而非孔。

总的来说，使用 THF 和 CHCl$_3$ 分散后的杂化材料膜有三种不同的表面形貌：①THF 分散膜表面多孔孔径比 CHCl$_3$ 分散膜大；②THF 分散膜表面多孔分布更加均匀而 CHCl$_3$ 分散膜表面呈现出大小不一的不规则多孔且各自聚集成岛屿状分布；③THF 分散膜为穿透孔形成多层多孔膜结构［图 5-24（a1）、（a2）、（b1）、（b2）、

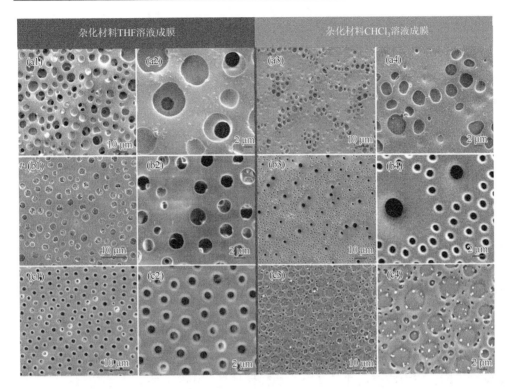

图 5-24　*ap*-POSS-PMMA-*b*-P(MA-POSS)（S1，a1～a4）、*ap*-POSS-PMMA-*b*-PDFHM（S2，b1～b4）、PDMS-*b*-PMMA-*b*-P(MA-POSS)（S3，c1～c4）THF 和 CHCl₃ 分散溶液成膜后的表面形貌图
a2、b2、c2 分别为 a1、b1、c1 的放大图；a4、b4、c4 分别为 a3、b3、c3 的放大图

（c1）、（c2）]，而 CHCl₃ 分散膜孔并未穿透涂层，仅在最表面成孔。形成这些有序排列多孔膜结构的机理是水滴模板法，是指水滴在聚合物溶液表面以密集堆积的形式聚集。由于水比分散剂的挥发速率更慢，因此当分散剂挥发后，水滴能够排列形成蜂窝状模板，待其挥发完全后在聚合物膜表面留下多孔结构。当聚合物溶液在相同的条件下（温湿度和空气流速）干燥成膜时，其最终的膜表面形貌是由材料的分子量、官能团链段、分散剂性质和材料与分散剂的相互作用决定的。因此，这些多孔膜的形成就是空气中的水滴在 POSS 基杂化材料溶液表面排列组合的结果。THF 分散膜形成的多层多孔膜结构由于溶液中的马兰戈尼对流（毛细管热对流）效应，将分布在聚合物溶液表面的水滴拉进溶液内部。而 CHCl₃ 分散膜表面的岛屿状多孔分布是由于 POSS 基杂化材料在 CHCl₃ 和水滴界面处沉积速度太快，以至于水滴还没来得及在溶液表面完成整齐的排列。另一方面，尽管分散剂对多孔膜形貌的影响很大，但对其表面润湿性能的影响却很小，三种杂化材料膜的静态水接触角都很接近，约为 101°～106°（图 5-25）。

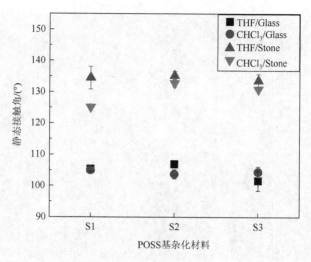

图 5-25   三种 POSS 基杂化材料的 THF 和 CHCl₃ 分散膜在玻璃片和砂岩基体表面的静态水接触角

5.4.3   分散剂对涂层机械性能的影响

图 5-26 所示为三种 POSS 基杂化材料 THF 和 CHCl₃ 分散膜的拉伸强度、黏接强度和应力应变曲线及其对应的弹性模量。从图 5-26（a）中可以看出，S3 的 THF（5.45 MPa）和 CHCl₃（5.90 MPa）分散膜的拉伸强度均高于 S1（1.85 MPa 和 1.86 MPa）和 S2（1.82 MPa 和 1.84 MPa）。这是因为 S3 的 PDMS 柔软链段具有较低的杨氏模量和较高的结构弹性。但总的来说，除了 S3 的 CHCl₃ 分散膜的拉伸强度比 THF 分散膜略高一些外，相同材料的 THF 和 CHCl₃ 分散膜拉伸强度相差不大，这说明杂化材料的拉伸强度可能仅与材料的化学结构和组成有关。

但是，从图 5-26（b）中可以看出 CHCl₃ 分散膜的黏接强度均高于 THF 分散膜，可见分散剂对杂化材料黏接强度的影响。S3 的 CHCl₃ 分散膜黏接强度（1.43 MPa）最高，比其 THF 分散膜（0.58 MPa）黏接强度提高了约 147%。尽管 S2 的 CHCl₃ 分散膜（0.95 MPa）和 THF 分散膜（0.42 MPa）黏接强度均低于 S3 膜，但其 CHCl₃ 分散膜的黏接强度比 THF 分散膜也提升了约 126%。只有 S1 的 CHCl₃ 分散膜（0.48 MPa）黏接强度仅比 THF 分散膜（0.41 MPa）提升 17%。这些结果应该与溶液胶束和溶解度常数 δ 有关。溶解度常数 δ 是聚合物材料组成中色散力、极性力和氢键相互作用的综合常数。由于 S3 中 PDMS（δ = 14.9～15.5 MPa$^{1/2}$）的低介电常数（ε = 2.2～2.75）与 CHCl₃（ε = 4.81）更为接近，因此在 CHCl₃ 中溶解性良好的 PDMS-*b*-PMMA 链段使 S3 表现出最好的黏接强度。而 S1 和 S2 拥有相同的 *ap*-POSS-PMMA 链段，因此 S1（0.41 MPa）和 S2（0.42 MPa）的 THF 分散膜黏接强度相似。但是，在 CHCl₃ 中溶解性更好的 P(MA-POSS)链段伸展可能会降低 PMMA 链段与黏接基体的有效接触，以至于 S1（0.48 MPa）的 CHCl₃ 分散膜黏接强度低于 S2（0.95 MPa）。除此以外，POSS 基杂化材料的 CHCl₃ 分散膜也表现出优异的耐湿热老化性能，如图 5-26（c）所示。在 15 次湿热老化循环后，三种杂化材料 S1（0.45～0.55 MPa）、S2（1.09～0.91 MPa）和 S3（1.18～0.93 MPa）的黏接强度仅表现出很微小的降低。尽管 S3 的黏接强度在前两个循环后有明显的降低，但直至第 15 个湿热循环，其黏接强度（0.93 MPa）最高且几乎没有发生变化。而且在整个湿热循环过程中，S2（1.09～0.91 MPa）和 S3（1.18～0.93 MPa）的黏接强度始终高于 S1。同样从图 5-26（d）～（f）中可看出，S2 和 S3 的 CHCl₃ 分散膜（6.57 N/μm² 和 6.69 N/μm²）及 THF 分散膜（6.22 N/μm² 和 6.03 N/μm²）弹性模量也都高于 S1（5.28 N/μm² 和 1.41 N/μm²），说明 S1 的机械强度相对较弱。这可能是由于 S1 中无机组分 POSS 链段的比例较高，增加了材料本身的脆性，但 S1 的 CHCl₃ 分散膜比 THF 分散膜的机械强度更好一些。与 THF 分散膜相比，三种杂化材料的 CHCl₃ 分散膜均表现出较高的弹性模量和较低的伸长率。由此可见，分散剂对 POSS 基杂化材料的机械性能影响很大。

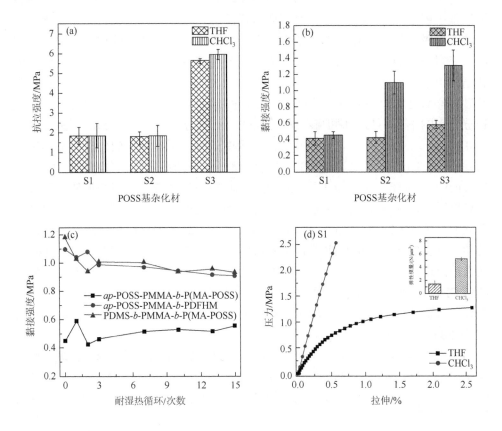

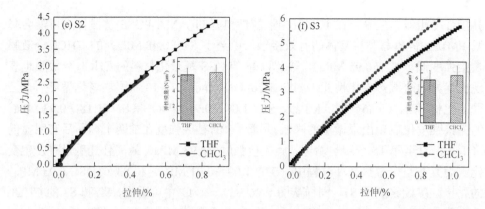

图 5-26　三种 POSS 基杂化材料膜的拉伸强度（a）、黏接强度（b）和 $CHCl_3$ 分散膜的耐老化
性（c）以及应力应变曲线和弹性模量（d～f）

5.4.4　POSS 基杂化材料对砂岩孔结构的影响

为了验证杂化材料对砂岩的保护效果，本节使用质量分数为 3%的杂化材料溶液保护砂岩样品，并对保护前后砂岩样品的孔径分布、杂化材料吸收量、超声波速、吸水量及水蒸气挥发速率进行表征测试。为了增加保护溶液的渗透深度，获得最佳的保护效果，本节采用浸泡法通过毛细吸收力使溶液进入砂岩的孔结构中。图 5-27 所示为保护前后砂岩样品的孔径分布。从图中可知，保护前后砂岩样品的孔径主要分布均在 17.3 μm 和 14.0 μm，说明杂化材料对砂岩的孔径分布影响不大。与未保护砂岩样品相比（孔径分布 7.2～24.2 μm，主要分布在 17.3 μm），由于杂化材料在砂岩孔结构中成膜，所有保护的砂岩样品均形成尺寸小于 7.2 μm 的孔径。只有 S3 的 THF 溶液保护的砂岩孔径分布呈现为 9.0～24.2 μm，这可能是由于较小的孔径被杂化材料膜完全堵住。但是比较两种分散剂可以看出，使用 $CHCl_3$ 分散的保护材料溶液处理后的砂岩样品产生了更多小尺寸的孔隙（2.5～7.2 μm），说明用 $CHCl_3$ 分散的保护材料溶液能够渗透进砂岩的内部孔结构中，但是成膜后并未完全填充内部孔隙。而小尺寸 0.4～0.6 μm 孔径的出现说明 $CHCl_3$ 分散的保护材料溶液倾向于填充更小尺寸的孔隙。为了解释 $CHCl_3$ 分散溶液保护砂岩比 THF 分散液保护砂岩出现更多的小尺寸孔隙，需要通过保护前后砂岩样品的杂化材料吸收量、孔隙率和超声波速来进行分析（图 5-28）。

从图 5-28（a）中可知，与未保护砂岩（34.8%）相比，保护材料处理后砂岩样品孔隙率（5.8%～33.0%）均会下降。但是 THF 分散溶液保护后砂岩的孔隙率（5.8%～5.9%）远远低于 $CHCl_3$ 分散溶液保护的砂岩样品（29.7%～33.0%）。这可

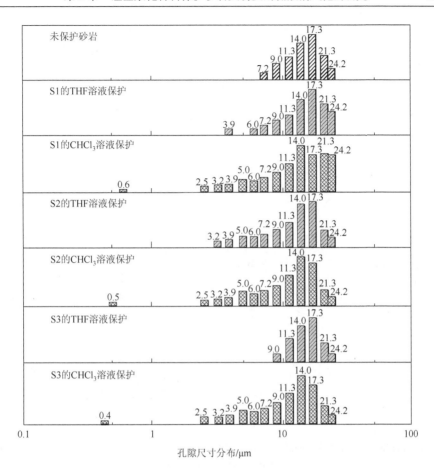

图 5-27　三种 POSS 基杂化材料保护前后砂岩的孔径分布

能是因为砂岩对于 S1～S3 杂化材料在 THF 中的分散溶液吸收量（4.34 mg/g、3.70 mg/g、3.02 mg/g）较 CHCl₃ 分散溶液（3.82 mg/g、2.75 mg/g、2.96 mg/g）更高。但是 THF 分散溶液保护砂岩的超声波速（S1，2352.4 m/s；S2，2271.6 m/s；S3，2307.2 m/s）却都低于 CHCl₃ 分散溶液保后的样品（S1，2438.6 m/s；S2，2573.9 m/s；S3，2421.8 m/s），这说明 THF 分散溶液没有渗进砂岩孔结构内部 [图 5-28（b）]。因此对于以上结果，唯一合理的解释应该是 THF 分散溶液仅仅附着在砂岩的表层砂粒上形成很薄的保护涂层，填充了表面孔隙，并未渗入砂岩基体内部，使得其保护后砂岩的超声速率较低。同时在全自动压汞仪测试砂岩孔隙率时，也正是砂岩表面形成的杂化材料保护涂层阻碍汞滴向砂岩内部渗透，使得测试出的孔隙率低于 6%。而 CHCl₃ 分散的溶液能够渗入更深的砂岩孔结构，但其涂层并未完全堵塞内部孔隙，因此 CHCl₃ 分散溶液保护的砂岩样品表现出较高的孔隙率（约 30%）、更多小尺寸孔隙以及更高的超声波速。

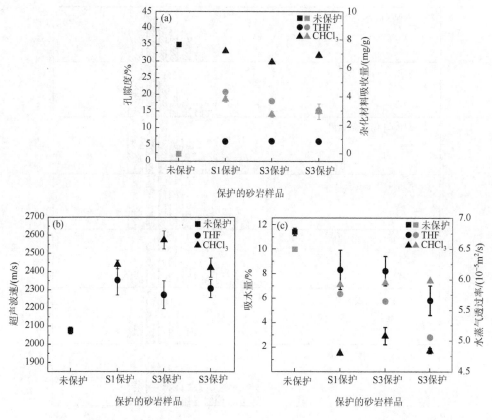

图 5-28　POSS 基杂化材料保护后砂岩的孔隙率和杂化材料吸收量（a）、超声波速（b）、吸水量和水蒸气透过率（c）

5.4.5　POSS 基杂化材料对砂岩内部水循环的影响

　　另外，本节也通过测试保护前后砂岩的表面润湿性、吸水量和水蒸气透过率来分析水在保护前后砂岩孔结构中的行为。结果表明，S1～S3 样品在 THF 分散涂层静态水接触角为 133°～135°，而 CHCl₃ 分散涂层接触角为 125°～133°。由于砂岩表面的粗糙结构，三种杂化材料在砂岩表面的疏水性能均大幅提高（图 5-25）。通常来说，当杂化材料溶液渗透入砂岩孔结构后，降低砂岩水蒸气透过率，可能会影响材料的保护效果。因此对于保护后砂岩的吸水量和水蒸气透过率测试可以进一步评估保护材料的实际耐水性能。从图 5-28（c）中可以看出，与未保护砂岩的吸水量（11.4%）相比，所有杂化保护材料均能大幅降低砂岩样品的吸水量（1.5%～8.3%）。而且，CHCl₃ 分散的 S1～S3 溶液保护后砂岩的吸水量（S1，1.5%；S2，2.9%；S3，1.7%）都远远低于 THF 分散溶液保护的样品（S1，8.3%；S2，

8.2%；S3，5.8%），这进一步说明 $CHCl_3$ 分散溶液对砂岩基体有更好的保护效果。从水蒸气透过性来看，相比未保护砂岩的水蒸气透过率（$6.50×10^{-5} \ m^2/s$），保护砂岩的水蒸气透过率（$5.06×10^{-5}～5.98×10^{-5} \ m^2/s$）都有一定程度的降低。同样因为 THF 分散溶液在砂岩表面形成较密实的保护涂层，使得 THF 分散溶液保护砂岩的水蒸气透过率（S1～S3，分别为 $5.77×10^{-5} \ m^2/s$、$5.65×10^{-5} \ m^2/s$、$5.06×10^{-5} \ m^2/s$）降低程度高于 $CHCl_3$ 分散溶液保护的砂岩样品（S1～S3，分别为 $5.92×10^{-5} \ m^2/s$、$5.95×10^{-5} \ m^2/s$、$5.98×10^{-5} \ m^2/s$）。以上结果说明分散剂对于砂岩孔隙中水的迁移行为具有重要的影响。

5.4.6　分散剂对保护砂岩耐盐风化性能的影响

使用 Na_2SO_4 作为盐结晶老化试剂，对 THF 和 $CHCl_3$ 分散的 POSS 基杂化材料保护的砂岩样品进行耐盐风化性能评估，其表观形貌和质量变化如表 5-7 和表 5-8 所示。从表 5-7 可以看出，使用 THF 分散的三种 POSS 基杂化材料保护后砂岩样品在 Na_2SO_4 盐结晶老化循环中出现的破坏主要表现为基体断裂并伴随大量的质量损失。S1[ap-POSS-PMMA-b-P(MA-POSS)]保护的砂岩仅在第 2 次老化循环后基体就出现断裂，并且在第 5 次循环后基体断裂不断发展，在第 8 次循环后三个平行样品均完全失去机械强度。而 S2[ap-POSS-PMMA-b-PDFHM]保护的砂岩样品在第 4 次循环后开始出现裂纹并伴随大量的质量损失，并且在第 13 次循环后均丧失砂岩机械性能。但是相对于样品 1 和 2 来说，S3[PDMS-b-PMMA-b-P（MA-POSS）]保护的砂岩样品表现出较好的耐盐风化性能。在第 6 次盐结晶循环后，其中两个平行样品才开始出现基体裂纹，丧失机械强度，但另一个样品在第 15 次循环后仍未出现任何破坏现象。然而，表 5-8 表明使用 $CHCl_3$ 分散的 POSS 基杂化材料保护的砂岩样品具有更好的耐盐风化性能，在盐结晶老化循环中保存周期更长。与 S1-THF 保护的砂岩相比，S1-$CHCl_3$ 保护的砂岩样品在 50 次盐结晶循环中仍会出现基体断裂但质量损失仅为 12%。同样的，S2-$CHCl_3$ 保护的砂岩样品比 S2-THF 保护后砂岩具有更明显的耐盐风化性能，直至第 21 次循环后才开始出现基体裂纹和少量质量损失（2%）。而使用 $CHCl_3$ 作分散剂后，砂岩耐盐风化性能提升最为明显的要属 S3 保护的砂岩。在三个平行样品中，仅有一个样品在第 14 次循环后出现基体裂纹，但是直至第 50 次老化循环后，所有样品均未再发展出新的裂纹，且质量损失仅有 4%。

一般来说，当结晶压力达到足以破坏砂岩结构时，砂岩基体才会出现第一次破坏现象。这一现象出现的时间与孔隙结构中水的活动和砂岩基体自身的机械强度（砂岩砂粒之间的内聚力）有关。上述实验现象已经说明，在三种 POSS 基杂化材料中，S3 表现出最佳的耐盐风化性能：这必须归功于 S3 的 PDMS 的 Si—O—Si 软链段和 PMMA 链段使 S3 与砂岩基体形成较强的相互作用力［图 5-26（b）］，

表 5-7 THF 分散的 POSS 基疏水杂化材料保护后砂岩在 Na_2SO_4 盐结晶老化循环后的表观形貌 (App) 和质量损失 (ML)

循环次数		1	2	3	4	5	6	7	8	9	10	11	12	13	14	15
S1 保护砂岩	App									—	—	—	—	—	—	—
	ML/%	0/0/0	0/0/0	0/0/0	0/0/1	0/0/1	1/0/5	1	1	—	—	—	—	—	—	—
S2 保护砂岩	App															
	ML/%	0/0/0	0/0/0	0/0/0	0/3/2	0/7/7	13/12	13/15	15/21	16	16	17	18	26	—	—
S3 保护砂岩	App															
	ML/%	0/0/0	0/0/0	0/0/0	0/0/0	0/0/0	0/0/0	0/0/5	0/0/5	0/0	0	0	0	0	0	0

表 5-8　CHCl₃ 分散的 POSS 基疏水杂化材料保护砂岩在 Na₂SO₄ 盐结晶老化循环后的表观形貌和质量变化

循环次数		1	8	12	14	17	21	25	30	33	42	50
S1 保护砂岩	App											
	ML/%	0/0/0	0/0/0	0/0/1	0/0/1	0/0/2	0/1/3	1/1/4	1/3/5	2/3/6	3/5/8	5/5/12
S2 保护砂岩	App											
	ML/%	0/0/0	0/0/0	0/1/0	0/1/0	0/2/1	1/2/2	1/4/5	2/5/8	3/8/10	5/12/12	7/15/17
S3 保护砂岩	App											
	ML/%	0/0/0	0/0/0	0/0/0	0/0/0	0/0/0	0/0/0	1/0/0	2/0/0	2/0/0	3/0/0	4/1/1

同时 P(MA-POSS)链段增强 S3 涂层的疏水性能，降低砂岩基体的吸水/盐量 [图 5-28（c）]，从而有效降低盐风化。而 P(MA-POSS)和 PDFHM 链段的引入确实使 S1 和 S2 具有较高的疏水性能，但是由于 ap-POSS-PMMA 链段较差的基体结合性和低机械强度，使 S1 和 S2 无法在砂岩基体内形成有效的疏水保护涂层。因此在 Na$_2$SO$_4$ 老化循环中，使用 CHCl$_3$ 分散的 S1 和 S2 保护砂岩的吸盐量为 4% [图 5-29（a）、（b）]，而 S3 保护砂岩样品的吸盐量低于 2% [图 5-29（c）]。以上结果说明，保护材料与砂岩基体的结合性和涂层机械强度对于保护砂岩的耐盐风化性能至关重要。

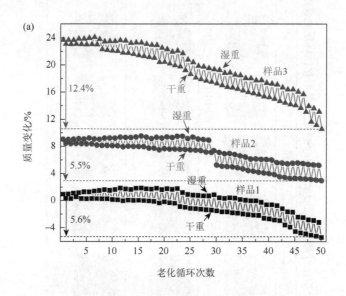

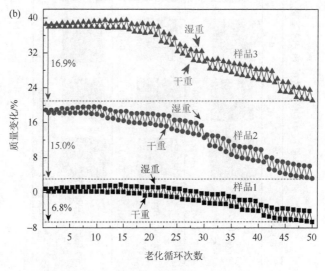

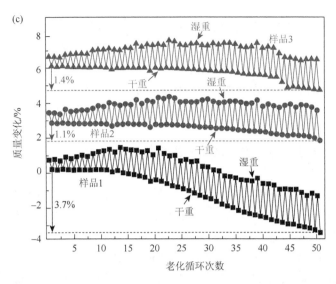

图 5-29　使用 $CHCl_3$ 分散的三种 POSS 基疏水杂化材料 S1～S3 保护后砂岩在 50 次 Na_2SO_4 盐
结晶老化循环中的质量变化及吸盐量

　　为了进一步探求分散剂对于耐盐风化性能的影响，将保护后砂岩进行切片观测，如图 5-30 所示。使用 THF 分散保护的砂岩样品外表面形成疏水型硬质薄层保护，而其内部仍然是亲水的，由于 THF 分散的保护溶液不能有效地渗入砂岩孔隙结构中，仅能在砂岩表面形成保护涂层，因此在砂岩基体表面形成亲疏水界面。在这种情况下，水蒸气挥发速率会被亲疏水界面限制，加速盐在疏水涂层内部的结晶过程，形成较高的结晶压力对孔壁机械强度产生破坏行为，直至出现基体断裂（由内而外的破坏行为）。但是使用 $CHCl_3$ 分散保护的砂岩样品断裂面外围和内部均表现出疏水性，即使出现裂缝，仍能保证较低的吸盐量。这些现象说明 $CHCl_3$

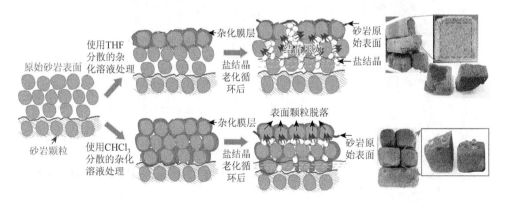

图 5-30　使用 THF 和 $CHCl_3$ 分散的 POSS 基杂化材料保护后砂岩在盐结晶老化循环中可能的
破坏过程示意图

分散的保护材料能够渗入砂岩孔结构内部形成保护，因此可以有效阻止盐溶液的迁移，提高砂岩的机械强度，使盐的破坏行为主要表现为外部砂粒的脱落（由外而内）。而基体出现的裂纹可能由于盐溶液结晶过程中产生瞬间的高结晶压力作用于砂岩孔壁或原生缺陷所造成的，另外由于 POSS 基杂化材料与砂粒之间仅存在较弱的相互作用力（机械作用），砂岩的机械强度提升不足以应对结晶压力的影响。

5.4.7　POSS 基与 SiO$_2$ 基杂化材料性能对比

为了对比 POSS 基和 SiO$_2$ 基杂化保护材料的耐盐风化性能，将 5.2 节中的 SiO$_2$-g-PMMA-b-P12FMA（S4）使用 CHCl$_3$ 分散制备保护溶液，渗透加固砂岩样品并继续进行 Na$_2$SO$_4$ 盐结晶老化测试，直至第 50 次循环，其表观形貌和质量变化如图 5-31（a）所示。从图中可以看出 SiO$_2$-g-PMMA-b-P12FMA（S4）材料保护的砂岩样品在 50 次盐结晶老化循环后表观形貌没有任何变化，最后一次循环后吸盐量仅为 1.5%～1.9%，质量变化几乎为 0；与三种 POSS 基杂化材料保护的砂岩相比，S4 浸泡保护的砂岩样品表现出最佳的耐盐风化性能。从涂层性能来说，S4 的黏接强度为 1.3 MPa 与 POSS 基 S3 材料黏接强度相近，但远高于其他两种 POSS 基杂化材料，这可能归功于 SiO$_2$ 基杂化材料与砂岩颗粒形成稳定的 Si—O 键，而 POSS 基材料与砂岩颗粒之间只有弱机械相互作用，但 S3 依靠 PDMS 软链段增强其与砂岩基体的作用力；除此以外，S4 的抗拉强度和弹性模量均高于三种 POSS 基杂化材料，说明 S4 的涂层机械强度和弹性都较大。从保护砂岩的性能来看，S4 保护的砂岩吸盐量仅为 1.4%，超声波速（2981.1 m/s）高于三种 POSS 基

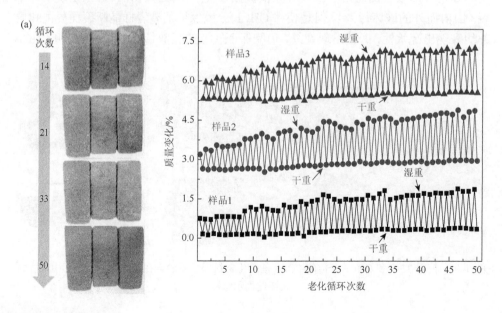

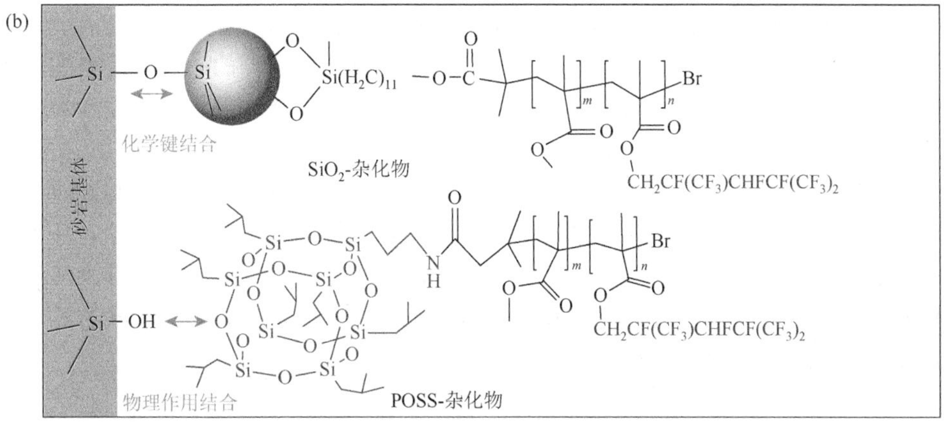

图 5-31　SiO$_2$-*g*-PMMA-*b*-P12FMA 保护后砂岩样品在 Na$_2$SO$_4$ 湿热老化循环后的表观、质量变化（a）及 SiO$_2$ 和 POSS 基杂化材料与砂岩基体的作用力示意图（b）

杂化材料保护后砂岩样品。由此可知，S4 与砂岩基体的强相互作用力及其涂层的高机械强度使其保护的砂岩基体具有更低的吸水量和更高的机械强度，从而获得更好的耐盐风化性能。

5.4.8　小结

本节使用 THF 和 CHCl$_3$ 作为分散剂，对三种 POSS 基杂化材料溶液（分散性）、涂层性能（微孔结构、表面润湿性和机械性能）及其对大佛寺砂岩的保护效果（孔隙结构、吸水性、水蒸气透过性、超声波速和耐盐风化性能）进行对比分析，具体结果小结如下所述。

（1）分散剂对 POSS 基杂化材料溶液、涂层性能及其加固保护砂岩性能均有影响：使用 CHCl$_3$ 作为分散剂时，由于 CHCl$_3$ 的介电常数和溶解度常数与 POSS 基杂化材料组成链段更为接近，使得杂化材料的溶液分散性、涂层黏接强度和弹性模量以及砂岩渗透性能均优于 THF 分散的杂化材料，其保护的砂岩样品耐盐风化性能也较高。而 THF 分散的 POSS 基杂化材料只能在砂岩表面形成较薄的保护涂层，而且涂层机械强度和其对基体的结合性较低，不仅不能有效地阻止水盐溶液的吸收，反而对水蒸气挥发形成阻碍，从而加速盐结晶破坏行为的产生。

（2）在三种 POSS 基杂化材料中，S3[PDMS-*b*-PMMA-*b*-P(MA-POSS)]表现出最佳的保护性能：S3 凭借 PDMS 柔韧的 Si—O 链段和 PMMA 与岩石基体有效结合，MA-POSS 链段提供疏水性，使其保护砂岩表现出最佳的机械和耐盐风化性能。尽管 S2（*ap*-POSS-PMMA-*b*-PDFHM）中含氟链段 PDFHM 具有低表面能，使其黏接强度和拉伸模量优于 S1[*ap*-POSS-PMMA-*b*-P(MA-POSS)]，而且依靠 POSS

和 PDFHM 链段两者也具有高疏水性，但 *ap*-POSS-PMMA 链段机械性能较差，与砂岩基体之间仅能以机械作用相互结合，使得 S1 和 S2 保护的砂岩样品出现基体断裂和大量质量损失，因此在长期老化过程中这两种样品均无法有效提高大佛寺砂岩的耐盐风化性能。

（3）疏水型 SiO_2 基杂化材料 SiO_2-*g*-PMMA-*b*-P12FMA 保护砂岩的耐盐风化性能高于 POSS 基杂化材料：主要归功于 SiO_2 基杂化材料通过 SiO_2 与砂岩基体形成强相互作用力，并在砂岩基体内形成具有高机械强度的疏水涂层。而 POSS 基杂化材料与砂岩基体仅依靠弱机械相互作用，无法在砂岩孔内形成牢固的疏水保护涂层，因此未能发挥有效的保护性能。

5.5　内源性盐对硅基杂化材料保护砂岩的破坏行为研究

为了对比评估几种不同硅基杂化材料最佳的保护性能，采用浸泡法最大程度地保证砂岩孔内吸入充足的杂化材料保护溶液，同时保证整个砂岩基体都完全被杂化材料覆盖。使用这种方法保护的砂岩样品在盐结晶老化试验中需要阻挡的盐风化破坏主要来源于外部盐溶液的入侵。

从 5.2 节和 5.3 节的结果可以看出，由于 SiO_2 基杂化材料 SiO_2-*g*-PMMA-*b*-P12FMA 强疏水性、砂岩基体兼容性以及涂层机械硬度，使得其浸泡保护的砂岩样品具有最佳的耐外源性盐风化性能；但是在 5.4 节中，使用刷涂法将其作用在砂岩基体表面时，由于渗透深度和渗透量的限制，该保护涂层在若干次盐结晶老化循环后便会与砂岩基体分离脱落，完全丧失保护功能。以上结果说明保护材料在砂岩孔内达到一定的渗透深度和渗透量时，疏水型杂化材料才能够有效地抵御外源性盐溶液的进入，从根源上降低盐溶液的风化作用，但是这种处理方法仅适用于小型可移动的石质文物或者用于冬季使用融雪剂之前对石质基体的防盐溶液渗透预防保护。

而在实际应用环境中，许多大型不可移动的石质文物无法通过浸泡法进行保护处理，多采用刷涂、喷涂、输液、湿敷等方法对出现风化破坏的局部进行保护处理。为了探究硅基保护材料对实际环境中大型石质文物的潜在保护作用，本节使用刷涂法将 SiO_2-*g*-PMMA-*b*-P12FMA（S1）和 PDMS-*b*-PMMA-*b*-P(MA-POSS)（S2）以及另外一种与 S1 仅无机组分不同的 POSS 基杂化材料 *ap*-POSS-PMMA-*b*-PDFHM（S3）作用在砂岩样品表面。通过调整刷涂过程中的时间间隔以及保护溶液使用量，分别用立方体和圆柱体砂岩样品模拟对户外大型不可移动石质文物进行全封闭和半封闭的保护处理，观察保护后砂岩样品在 Na_2SO_4 盐结晶老化循环中的破坏现象以及砂岩孔内的盐结晶行为，验证疏水杂化材料对内源性盐溶液风化行为的作用效果，为硅基保护材料的户外实际应用提供实验参考。

1）立方体砂岩样品刷涂保护方法

对 $5\times5\times5\ cm^3$ 立方体砂岩样品进行保护处理时，使用 1 cm 平角毛刷蘸取质量分数为 3%的氯仿分散液在立方体砂岩样品五个表面依次刷涂，渗透完全后再次刷涂保护溶液，重复此操作 10 次，整个样品涂覆约 10 mL 保护溶液。立方体底面及距底面 1 cm 高度的区域不刷涂保护溶液，如图 5-31 所示。这种方法处理后的砂岩样品用于模拟户外大型不可移动石质文物的全封闭式保护处理，底部与地下水接触，内源性盐溶液通过毛细上升作用迁移至砂岩基体内部和表面。

2）圆柱体砂岩样品刷涂保护方法

对直径 5 cm、高 5 cm 的圆柱体砂岩样品进行保护处理时，使用 1 cm 平角毛刷沿圆柱体外表面刷涂质量分数为 3%的氯仿分散保护液，分层连续刷涂，中间无时间间隔，共涂覆约 15 mL 保护溶液，距底面 1 cm 高度区域内不使用保护溶液，如图 5-32 所示。使用这种方法处理后的砂岩样品可以模拟户外大型不可移动石质文物的半封闭式保护处理，底部与地下水接触，内源性盐溶液通过毛细上升作用迁移至砂岩内部及表面。

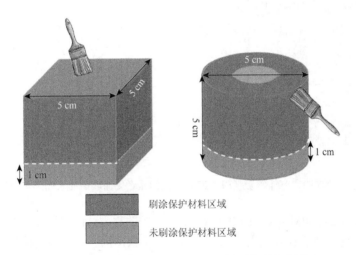

刷涂保护材料区域

未刷涂保护材料区域

图 5-32　立方体和圆柱体砂岩的刷涂保护区域示意图

3）盐结晶老化循环方法

本节测定保护前后砂岩样品的耐盐风化性能方法使用 0.5 mol/L Na_2SO_4 盐溶液浸渍砂岩样品 1 cm 高度以下 2 h，其间适当补充盐溶液保持其液面在砂岩样品 1 cm 处，取出后擦去砂岩底面多余液体，放入盐结晶老化循环，循环程序的湿热条件与 5.3 节相同。每次循环后记录干燥砂岩样品的表观形貌和质量变化。

5.5.1　内源性盐溶液对立方体砂岩样品的破坏行为

　　立方体砂岩样品（除底面外的其他五个面均刷涂覆保护材料）用来模拟对户外大型不可移动石质文物进行全封闭保护处理的情况。在盐结晶老化循环中，盐溶液来源于砂岩底部，通过毛细管上升作用迁移至砂岩基体内部及表面，引发内源性盐结晶破坏。如图 5-33 所示为立方体砂岩样品在 Na_2SO_4 盐结晶老化循环中的破坏行为。从图中可以看出，未处理砂岩样品在第 3 次老化循环后表面就开始出现白色盐晶体堆积，且有少量小孔洞出现；第 4 次循环后样品上半部分砂岩表层与盐晶体结合形成壳层，与砂岩基体分离；随着循环的进行，砂岩样品吸盐量由 6.4%增大至 12.6%，同时砂岩上表面更多含盐壳层与基体分离，但因其尚未脱落，因此质量损失较小（<3%）。

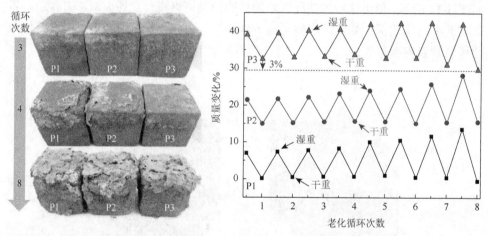

图 5-33　未处理的立方体砂岩（P1～P3）在盐结晶老化循环中的表面形貌及质量变化

　　而使用 SiO_2-g-PMMA-b-P12FMA（S1）保护的立方体砂岩样品（P4～P6）表面在第 2 次老化循环后也开始出现明显的白色盐堆积，第 3 次循环后刷涂保护层的上半部分翘起，而接近浸盐线的保护涂层仍与砂岩基体接触，但也已出现明显破坏现象；第 5 次老化循环后，整个保护层在不断吸附的盐溶液作用下变软再干燥，已完全脱离砂岩基体（图 5-34），丧失保护作用；砂岩样品吸盐量不断增加，但由于保护涂层未完全脱落，因此质量损失不明显。这些现象说明使用刷涂法保护砂岩样品时，S1 杂化保护溶液仅能渗入砂岩表面小于 1 mm 深度处，与砂岩颗粒结合形成疏水涂层。当内部盐溶液通过毛细作用上升迁移至亲/疏水界面时，受到该疏水涂层的阻挡，挥发速率大大减小，从而促使盐晶体在亲/疏水界面大量堆积，不断破坏保护涂层与砂岩基体的结合作用，直至疏水保护层与亲水基体脱离，完全丧失保护作用。

　　两种 POSS 基杂化材料保护后砂岩表现出相似的破坏现象。PDMS-*b*-PMMA-*b*-P(MA-POSS)（S2）（P7～P9，图 5-35）和 *ap*-POSS-PMMA-*b*-PDFHM（S3）（P10～P12，图 5-36）保护的砂岩样品均在第 3 次老化循环后，出现保护壳层沿浸盐线处翘起的现象，伴随着保护壳层表面出现裂纹；第 4 次老化循环后，保护壳层表面裂纹不断增多；其中 P7（13.2%）和 P12（9%）部分壳层脱落，出现大量质量损失；随着老化循环次数的增加，亲/疏水界面处有更加明显的白色盐晶体堆积。从脱落壳层厚度来看，两种 POSS 基材料渗透深度高于 S1 杂化材料，约为 1.5～2 mm；但疏水涂层的存在依旧会造成砂岩内部盐溶液在亲/疏界面的积累和结晶，分离保护壳层与砂岩基体，造成保护壳层的断裂和脱落。

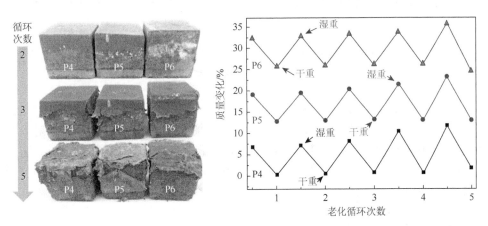

图 5-34　SiO_2-*g*-PMMA-*b*-P12FMA（S1）保护的立方体砂岩样品在 Na_2SO_4 盐结晶老化循环中的表观形貌及质量变化

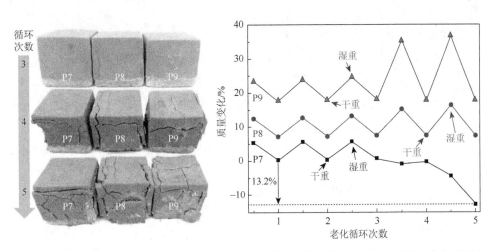

图 5-35　PDMS-*b*-PMMA-*b*-P(MA-POSS)（S2）保护的立方体砂岩在 Na_2SO_4 盐结晶老化循环中的表观形貌及质量变化

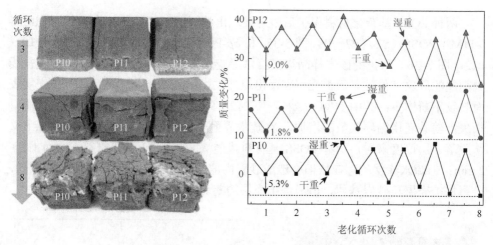

图 5-36　*ap*-POSS-PMMA-*b*-PDFHM（S3）保护的立方体砂岩样品在 Na$_2$SO$_4$ 盐结晶老化循环中的表观形貌及质量变化

　　为了观测 Na$_2$SO$_4$ 在砂岩亲疏水界面处的结晶行为，本节使用钨灯丝扫描电镜观察脱落保护壳层内部即亲/疏水界面处的盐结晶形貌，如图 5-37 所示。可以看到三种硅基杂化材料保护后壳层内部均形成大量针状晶体，可能为 Na$_2$SO$_4$（Ⅲ），附着在砂岩颗粒表面和孔隙内，破坏界面处砂岩颗粒间的黏合力，致使保护壳层脱离砂岩基体。

图 5-37　SiO$_2$-*g*-PMMA-*b*-PDFHM（a）、PDMS-*b*-PMMA-*b*-P(MA-POSS)（b）和
ap-POSS-PMMA-*b*-PDFHM（c）保护的砂岩内亲/疏界面在盐结晶老化后形成的盐结晶形貌

5.5.2　内源性盐溶液对圆柱体砂岩样品的破坏行为

　　沿圆柱体砂岩样品外表面进行刷涂保护处理时，由于保护材料在渗透过程中会干燥成膜，即使反复刷涂，保护溶液也无法完全渗透整个砂岩基体内部，因此可用来模拟对大型不可移动石质文物进行的半封闭式保护。在盐结晶老化循环中，

盐溶液来源于底部毛细管的上升作用，因此可用于模拟观察内源性盐溶液对半封闭保护后砂岩样品的破坏行为。与立方体砂岩样品（10 mL）相比，保护圆柱体砂岩使用的溶液量更多（15 mL），且保护时为连续刷涂，能够提升保护溶液的渗透深度。

　　未处理的圆柱体砂岩样品（P13～P15）在盐结晶老化循环中的破坏现象（图 5-38）随着盐溶液从砂岩底部迁移至砂岩上表面并不断结晶堆积，圆柱体上表面砂岩基体出现大量孔隙并不断膨胀成蘑菇状盐晶体/砂岩颗粒壳层，吸盐量不断增大至 15.2%～18.7%，质量损失为 4.6%～5.9%。

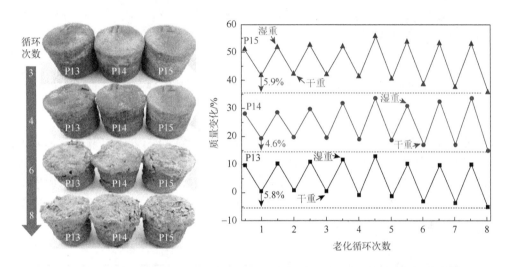

图 5-38　未处理的圆柱体砂岩样品在 Na_2SO_4 盐结晶老化循环中的表观形貌及质量变化

　　而 SiO_2-g-PMMA-b-PDFHM（S1）保护的圆柱体砂岩样品（P17 和 P18）在第 4 次老化循环后，可以看到上表面同心圆内部出现白色盐晶体，可以判断出保护材料的渗透深度约为 5～15 mm。第 5 次循环后，三个平行砂岩样品（P16～P18）沿基体纵向出现裂纹；随着循环次数的增加，裂纹增多并不断增大；吸盐量由 3.3%～6.2%增大至 7.3%～9.5%，但质量损失较小（＜1.5%）（图 5-39）。这些结果说明 S1 材料与砂岩颗粒结合性很好，可以增大砂岩孔结构的机械强度；但 Na_2SO_4 盐溶液从内部渗透上升至圆柱体内部并挥发结晶后对周围砂岩颗粒产生结晶压力，保护后机械强度增大的砂岩孔壁在强结晶压力作用下，产生机械应力，最终出现裂纹。

　　而两种 POSS 基杂化材料 PDMS-b-PMMA-b-P(MA-POSS)（S2）和 ap-POSS-PMMA-b-PDFHM（S3），由于渗透深度较大（＞20 mm），其刷涂后的圆柱体砂岩基体部分完全被保护，因此亲/疏水界面在浸盐线处形成。在第 6 次老化循环后，

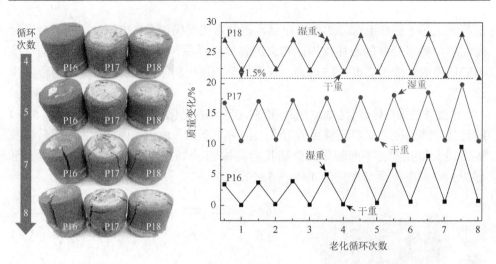

图 5-39　SiO₂-*g*-PMMA-*b*-PDFHM（S1）保护的圆柱体砂岩样品在 Na₂SO₄ 盐结晶老化循环中的表观形貌及质量变化

PDMS-*b*-PMMA-*b*-P(MA-POSS)（S2）保护的砂岩基体（P21）在亲/疏水界面处出现裂纹，直至第 11 次循环后完全脱落，质量损失为 7.3%；而第 9 次循环后，P19 样品在亲/疏水界面处也出现裂纹，随后质量损失不断增大至 9.1%。由于砂岩上半部分完全被渗透保护，吸盐量变化不大（2.5%～4.4%），破坏主要表现为未保护砂岩基体部分的质量损失（图 5-40）。

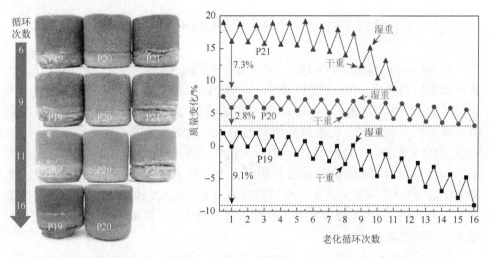

图 5-40　PDMS-*b*-PMMA-*b*-P(MA-POSS)（S2）保护的圆柱体砂岩在 Na₂SO₄ 盐结晶老化循环中的表观形貌及质量变化

而 *ap*-POSS-PMMA-*b*-PDFHM（S3）保护的砂岩样品（P23）在第 10 次老化循环后也在亲/疏界面处出现小裂纹，随后裂纹不断发展变大，伴随着未保护砂岩基体部分的质量损失（3.3%）。相对来说，S3 保护的砂岩样品在 16 次循环时仅其中一个样品（P23）出现破坏现象，另外两个样品（P22，P24）还未出现明显的破坏行为，吸盐量较小（0.9%～2.8%），且第 16 次循环后仅有少量质量损失（0.4%～1.4%），但可以推测破坏行为与 P23 一致（图 5-41），主要为未保护基体的断裂和脱落，而保护的部分 7.2 节盐结晶老化行为相似，在长时间的老化过程中会继续出现裂纹和质量损失。

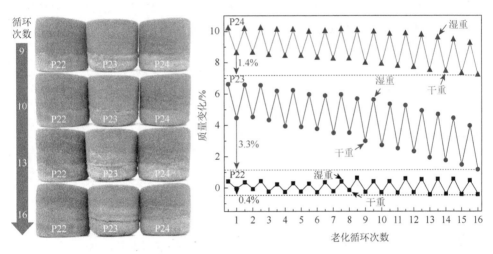

图 5-41　*ap*-POSS-PMMA-*b*-PDFHM（S3）保护的圆柱体砂岩在 Na_2SO_4 盐结晶老化循环中的表观形貌及质量变化

5.5.3　小结

本节通过使用刷涂法将 3 种硅基杂化材料 SiO_2-*g*-PMMA-*b*-P12FMA、PDMS-*b*-PMMA-*b*-P(MA-POSS)和 *ap*-POSS-PMMA-*b*-PDFHM 分别作用在砂岩基体上，对比观察不同渗透深度和保护材料使用量对保护后砂岩样品耐盐风化性能的影响，通过盐结晶老化循环对保护后砂岩样品进行耐盐风化性能评估，具体结果如下所述。

（1）使用刷涂保护处理方法时，两种 POSS 基杂化材料的渗透性均高于 SiO_2 基保护材料，但 3 种硅基保护材料溶液都仅能渗透至砂岩表层几毫米至几十毫米深度处，会在砂岩基体内形成亲/疏水界面。而来源于砂岩内部的盐溶液在该界面处的迁移速率受到限制，从而在亲/疏水界面处堆积结晶，分离保护涂层，形成破坏。因此，破坏均出现在保护材料渗透到的地方。

（2）增加疏水保护材料用量，虽然可促进材料渗透深度较深（如圆柱体砂岩样品），但保护材料在基体内分布不均匀时，在内源性盐结晶压力作用下，砂岩孔壁产生不均衡的机械应力，会引发更严重的基体断裂破坏行为。因此对于内源性盐溶液的破坏，3 种疏水型保护材料均无法发挥有效的保护作用。

（3）与使用浸泡法保护后的砂岩样品相比，本节保护材料可渗透进入砂岩基体达到最佳的渗透深度，发挥最大程度的保护作用。疏水型 SiO$_2$-g-PMMA-b-P12FMA 和 PDMS-b-PMMA-b-P(MA-POSS)凭借其良好的砂岩基体结合性、高涂层强度和防水性，可完全阻挡外来盐溶液进入砂岩孔结构，同时增大砂岩的机械强度，表现出良好的耐盐风化性能。因此对于外源性盐溶液，疏水型杂化材料可以依靠其防水性和对砂岩基体机械强度的提升发挥出有效的保护作用。